装帧创意与设计

袁媛　崔建成／著

清华大学出版社
北京

内 容 简 介

　　本书主要内容包括书之概述、书之分类与构成、书之立意与编辑、书之内容编排、书之装帧与推广和书之综合实训。通过列举大量实例阐述版面设计、文字的表情以及中外版式设计的对比等知识；通过中外书籍装帧的历史演进，阐述现代书籍装帧形式的创新、装帧材料、印刷与特种工艺；并从封面设计、二次设计、自主设计等案例着手，阐述装帧设计对于书籍的重要性。

　　本书具有一定的科研价值，且适用于高校设计专业的本、专科生、研究生，以及广大设计爱好者阅读和使用。

图书在版编目（CIP）数据

装帧创意与设计 / 袁媛，崔建成著. —北京：清华大学出版社，2021.6
ISBN 978-7-302-58306-6

Ⅰ．①装…　Ⅱ．①袁…　②崔…　Ⅲ．①书籍装帧—设计　Ⅳ．①TS881

中国版本图书馆CIP数据核字（2021）第107319号

责任编辑：	邓　艳
封面设计：	刘　超
版式设计：	文森时代
责任校对：	马军令
责任印制：	沈　露

出版发行：	清华大学出版社		
网　　　址：	http://www.tup.com.cn，http://www.wqbook.com		
地　　　址：	北京清华大学学研大厦A座	邮　　编：	100084
社 总 机：	010-62770175	邮　　购：	010-62786544
投稿与读者服务：	010-62776969，c-service@tup.tsinghua.edu.cn		
质量反馈：	010-62772015，zhiliang@tup.tsinghua.edu.cn		
印 装 者：	天津鑫丰华印务有限公司		
经　　　销：	全国新华书店		
开　　　本：	210mm×285mm　　印　　张：9	字　　数：	272千字
版　　　次：	2021年6月第1版	印　　次：	2021年6月第1次印刷
定　　　价：	69.80元		

产品编号：086187-01

前言

在媒介转换和出版市场巨大变动的背景下，书籍设计趋于商品化运作，有时会导致书的内涵不足，难以吸引读者静心阅读。本书旨在介绍关于书的方方面面，从书的选题、立意、编辑、设计、装帧、推广这一系列的过程，并辅以大量有代表性的优秀案例来向读者讲述如何做一本好书。笔者特别希望通过阐述书籍装帧设计的思路、技巧与方法，使业内人士做出更多陪伴式阅读的好书，使读者体会到书境之美，乐于回归原始的阅读习惯。

本书有六章内容：书之概述、书之分类与构成、书之立意与编辑、书之内容编排、书之装帧与推广、书之综合实训。清代方薰曾道："意奇则奇，意高则高，意深则深。"立意是书籍设计的灵魂，该书恰好在第三章中重点阐述了书之立意与编辑；第四章通过列举大量实例阐述了版面设计、文字的表情以及中外版式设计的对比等知识；而第五章通过中外书籍装帧的历史演进，阐述了现代书籍装帧形式的创新、装帧材料、印刷与特种工艺；第六章则从封面设计、二次设计、自主设计等案例着手，阐述装帧设计对于书籍的重要性。

为此，本书将围绕着"书"展开，系统讲述一本严谨读物在诞生过程中所涉及的方方面面，着重介绍书籍装帧设计的过程及方法论，包括分析读者心理、书的陪伴感设计、成本和技术的实现等，兼具欣赏书籍艺术之美。

本书内容集作者多年教学经验所得，并配以大量优秀的实践案例。其内容深入浅出，逻辑性强，且紧跟时代要求，结构层次清晰，理论与实践并重，具有较强的实际操作性，有助于读者在短时期内提升书籍装帧设计的水平和能力。本书具有一定的科研价值，且适用于高校设计专业的本、专科生、研究生，以及广大设计爱好者阅读和使用。

本书由青岛科技大学的袁媛和崔建成老师撰写。限于作者水平，书中难免存在疏漏与不足之处，恳请各位同仁和读者指正。

特别声明：书中引用的有关作品和图片仅供教学分析使用，版权归原作者所有，在此对他们表示感谢！

著　者

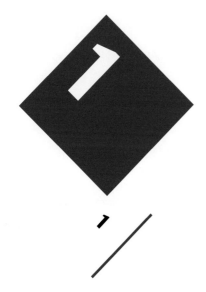

第 1 章　书之概述

第 2 章　书之分类与构成

第 3 章　书之立意与编辑

第 4 章　书之内容编排

第 5 章　书之装帧与推广

第 6 章　书之综合实训

第1章 书之概述

书说

电子阅读利与弊

后书店文化

未来书将何去何从

书的诞生过程

1.1 书说

我国古汉语中的"书"有三层意思，其一指书籍，其二指文字，其三指书写，均指一种信息传达的方式。《周易·系辞下》云："上古结绳而治，后世圣人易之以书契。"故而结绳这种形态可谓中国书籍的最初形式了。从山东大汶口遗址出土的陶尊（见图 1-1）及其刻画的符号位置可以看出一些版式基本的章法，也可以初步体现装帧的一种思路。商朝晚期的甲骨文是帝王进行占卜时刻写的卜辞和少量记事文字，占卜后会用绳穿起甲骨来保存，甲骨文中的"册"，其字形（见图 1-2）也与甲骨的存放方式有关。甲骨卜辞的刻写确立了竖写直行，由右到左的形式，这种排版方式在中国一直延续至清代。张华《博物志》中记载"蒙恬造笔"指对毛笔的改进，合适的书写工具也推动了字体的规范化。书写载体经过骨、铜、玉、竹、木、帛的不断更替，直至东汉的蔡伦用树皮、麻、敝布及渔网等廉价材料制成纸。东晋年间桓玄下令："古无纸，故用简，非主于敬也。今诸用简者，皆以黄纸代之。"纸这种新型材料迅速得以推广并日益普及。雕版印刷始于隋末唐初，早期主要用于刻印佛经，现存最早的印刷品是韩国在庆州市发现的8 世纪中叶的《无垢净光大陀罗尼经》。

自从聪慧的中国古代劳动人民发明造纸术和印刷术以来，中国就是出版业发展起步最早的国家之一，中国古代的灿烂文明也依赖书籍得以流传继承和发扬。近百年来我国书籍设计发展经历了很多风风雨雨：1919 年五四运动后，新文化运动蓬勃发展，鲁迅提出"书装"概念之后，出现了陶元庆（见图 1-3）、丰子恺等书籍装帧艺术家（见图 1-4）；20 世纪 50 年代初万象更新，萌发了新型的人民出版事业，北京成立出版总署统一管理出版发行，出版业进入了一个空前繁荣的历史时期，涌现出了大量优秀的书籍设计作品（见图 1-5）；20 世纪六七十年代间装帧艺术几乎是一片空白；自改革开放后的 20 世纪 80 年代开始，书籍艺术迎来了春天；20 世纪 90 年代随着计算机辅助设计的逐渐普及，书籍装帧设计正式进入了电脑设计时代；20 世纪末中国的书籍设计已经取得了长足的发展。2004 年，《梅兰芳戏曲史料图画集》（见图 1-6）获得德国莱比锡"世界最美的书"装帧设计金奖；近些年中国出版物在莱比锡频频获奖，中国图书终于再次走上了世界设计艺术之巅峰。

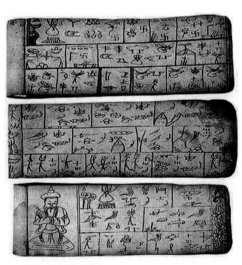

图 1-1　陶尊

图 1-2　甲骨文"册"字形

图 1-3　陶元庆书籍设计

图 1-4　20 世纪 20—40 年代书籍设计

图 1-5　20 世纪 50 年代书籍设计作品

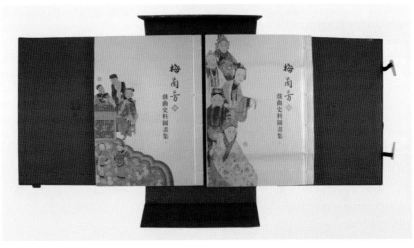
图 1-6　《梅兰芳戏曲史料图画集》

　　　　　　　　第 1 章　书之概述　◆

1.2 电子阅读利与弊

21世纪网络的空前繁荣使传统纸媒很大一部分转换成了电子媒体，媒体融合又使电子媒体具备了集文字、声音、图像、视频交互于一体的强大功能，以此来吸引受众。电子书来势汹汹，大有占领市场的趋势。甚至有人说不久的将来电子书（见图1-7）将完全取代纸质书。的确，自从电子书被发明以来，通过电子设备进行阅读的读者日益增多，标志着人们的阅读习惯正趋于数字化。据统计，人均一周上网阅读时间是25小时，也就是说平均每人每天上网阅读的时间大约是4小时，有的人甚至可能是8小时、12小时。不可否认，电子阅读便携快捷，获取知识的渠道变宽广了，成本也下降了。

随着技术的不断发展，互联网电子商务开始涉足文化出版领域。较低的市场准入原则、某些低成本的质量监督体系和出版的商品化运作，使电子读物的质量良莠不齐，电子书的弊端也渐渐显现出来。例如有的电子书错字、病句很多，内容滞后，长时间得不到更新；有的内容来源不明，甚至助长了盗版，损害知识产权。又例如电子书没有实际拥有感，定价高的电子书只比纸质书便宜一点，和租借来的相差不多。还有，因为电子书并不是实体，得不到视觉提醒，人们往往读到一半就荒废了。如果只读到了电子书的一些章节、段落或只言片语，读者很容易断章取义，脱离连贯、准确、完整的知识体系。最重要的是当下许多年轻人都在使用电子阅读器，不良的阅读习惯容易使青少年早早地戴上了眼镜，长时间使用电子屏，不少成年人的眼睛也罹患了疾病。电子读物显示屏的终极目标就是无限接近纸媒，但无论如何，发光屏毕竟不是纸。那本台灯下的枕边书，那本伴随旅行的口袋书，那本慰藉了火神山医院里年轻患者的专业书，可以想象纸张的质感与油墨散发的扑鼻香气，还可以随手记录自己的有感而发，是多么惬意！

尽管电子书让人又爱又恨，许多专业人士还是积极投入，完善设备和后台支持等工作，电子书的未来仍然有很长的路要走。

图1-7 亚马逊电子书阅读器 Kindle

1.3 后书店文化

有脉络地将当地文化介绍给读者（见图1-9），广州的方所书店成为城市海纳文化百川的殿堂（见图1-10），一些书店以极具特色和功能性的建筑和空间规划设计吸引读者；还有许多文化名人参与经营的书店，如高晓松的公益书店晓书馆、晓岛、汪涵的培荣书屋等，他们更多注重分享图书，提供一种慢阅读的书文化，期望让更多的人走进书店并购买图书。

综上所述，优秀的纸质出版物在数字出版时代依旧适用并将继续传承发扬下去。首先，传统出版部门数年来打下的坚实基础使它拥有高质量的内容和资源，及大众对作者、题材较高的信任度。其次，出版社还具备高素质的编辑、设计团队，从题材到编辑再到装帧设计，可以确保出版图书的质量和水平。所以说传统出版行业的核心价值主要体现在内容和质量方面。

伴随着近年来令人振奋的后书店文化悄然兴起，书店，这个曾经被人遗忘的角落，焕发出勃勃生机。日本的茑屋书店（见图1-8）注重打造复合式文化生活空间；青岛出版集团旗下的 BC MIX 美食书店，结合阅读和美食概念吸引读者；北京三联书店推出 24 小时服务；台湾的诚品信义店通过商品开发、体验活动，

图1-8 日本茑屋书店

图1-9 台湾诚品书店

图1-10 广州方所书店

1.4 未来书将何去何从

历史告诉我们，每一次技术层面的变革，都会引起产业及相关领域的巨大变化。互联网出版技术势必将带来连锁反应，未来书的发展趋势将呈现两极化。一方面，电子读物必将大行其道并依靠技术手段不断完善发展，例如，益于眼睛的电子屏可提高阅读舒适度等；另一方面，高品质书籍利用现代装帧技术、本土文化与传统书装的结合等带来了新意，书籍将变得更加精致考究，书的价格也会相应提高。尤其一些个性化的手工制作的图书将成为奢侈品，从小众爱好图书转向收藏类的精品图书。

既然纸张阅读带来的幸福感是电子阅读无法企及的，那么由于纸质书籍的价格太高而使读者不愿买单的现象将驱使我们思索怎样解决将书籍的"低廉化"和"多元化"需求与书籍本身内容装帧的"精致考究"进行调和。

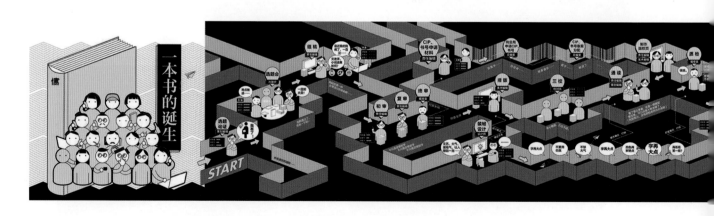

1.5 书的诞生过程

一本书是怎样诞生的？下面通过把出版行业内的几个重要角色串联起来，将这个过程展现出来（见图1-11）。

（1）出版机构——负责出版图书和营销环节。通常由出版机构和编辑委员会共同讨论决定选题，不能仅凭借直觉和经验。如今，当当网等购书平台对用户了如指掌，用户搜索了什么、买了什么等都被记录下来。出版机构对题材有了准确的把握后，选题就变得轻松了。

（2）组稿编辑——参与选题并肩负管理职能。主要负责与作者沟通，建立书籍设计工作系统。

（3）责任编辑——和作者一同工作，对作者提供客观意见，对作品的逻辑性进行建议和修改并确定最终文字内容，同时承担初审工作。

（4）顾问——出版专业书籍时，通常需要向相关领域的人士进行咨询，保证出版物的专业性。

（5）编审——承担复审、终审工作。书在三审后可以同时申请书号了。

（6）设计者——负责进行书籍装帧设计，包括确定开本、风格、字体、版式编排、用纸、装帧形式等。另外还需要和策划编辑核算成本。

（7）校对——阅读和检查校样，通常需进行三次。

（8）印务部——打印小样。

（9）编审——负责质检工作。

（10）发行部——确定预认购渠道及印刷数量。

（11）印刷厂——进行印前图文信息处理、制版印刷、印后加工等工序，完成成品书。（设计师有时候同技术工人一起完成校色并制作图书模型，确保特种工艺等设计被完全贯彻。）

（12）市场营销——进行营销和书籍推广，再发往互联网电商、书店、书友会等零售商。

（13）广大读者。

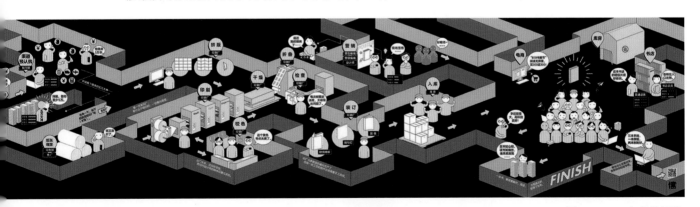

图1-11 一本书的诞生

一本书的诞生过程

第2章 书之分类与构成

随着我国国民综合阅读率的持续增长，2019年4月中国新闻出版研究院组织实施的第十六次全国国民阅读调查结果显示，我国成年国民人均纸质图书阅读量为4.67本，自2013年提升了3.2%；纸质期刊的阅读量却持续下降为2.61期（份），期刊阅读率由41.30%下降至35.10%。近年来我国图书出版总量持续增长，重印图书品种数和总印数增长，其中主题出版图书印数大幅提升。据统计我国2018年出版图书总量100.09亿册（张），总印张882.5亿印张。较2013年（见图2-1）增长了13.2%。这么多册图书都是什么题材和内容的呢？我们将逐一为大家阐述。

近两年图书出版行业分析研究报告

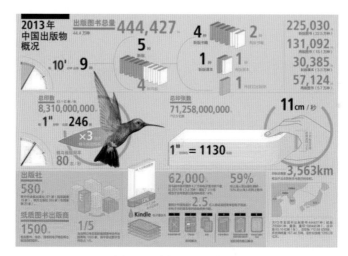

图 2-1　中国出版物概况

2.1　书的分类

图 2-2　书店图书分类标识（1）

如果你常逛书店，那么一定会留意到图书的分类规则（见图2-2和图2-3），书籍按知识门类、语种、用途、内容、书籍特征等可以粗略分成以下类别。

（1）按学科知识门类划分为：社会科学、自然科学类。

（2）按语种划分为：中文图书、外文图书类。

（3）按用途划分为：普通图书、工具书类。

图 2-3　书店图书分类标识（2）

（4）按内容划分为：小说、纪实文学、专业书、文艺、艺术、科技、生活、儿童读物、历史、政治经济、摄影绘画集、教材等类；

（5）按特征划分为：线装、精装、平装、袋装、电子、有声读物、盲文、小语种或民族语言等类。

按网上书店的分类规则，图书又可以细分为童书、教辅、小说、文学、艺术、青春文学、成功励志、管理、历史、哲学宗教、亲子家教、保健养生、考试、科技、进口原版、电子书和网络文学等类。如图2-4所示，每一条二级分类下还有细分类，真可谓包罗万象。

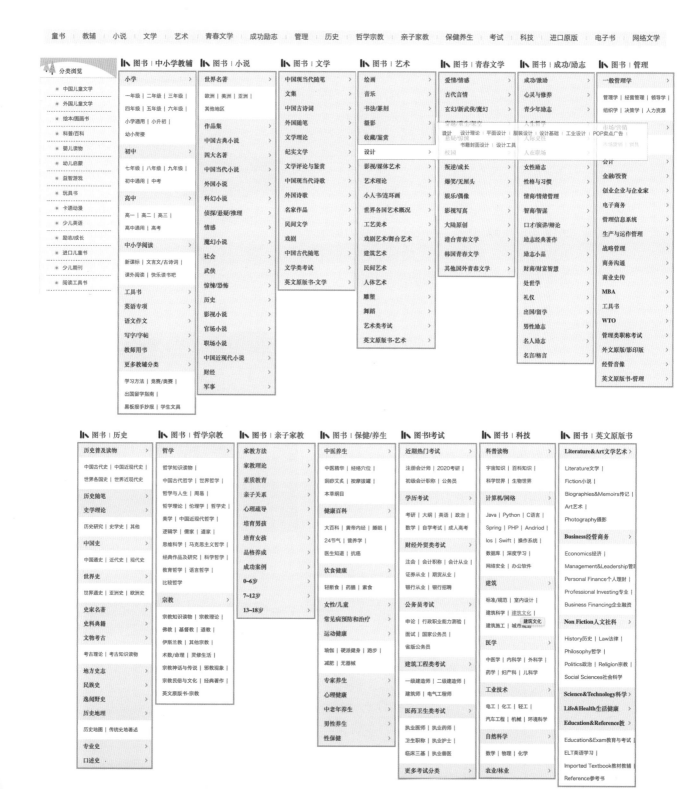

图 2-4　网上书店的图书分类

2.2 系列书、期刊、电子杂志

图 2-5 　《朱熹千字文》吕敬人设计

　　第十六次全国国民阅读调查结果显示：2018 年，主题出版、主流报刊传播力影响力持续提升。系列图书、期刊杂志、电子杂志构成了图书出版结构的持续优化。

1. 系列丛书

　　书籍除了以上体裁的分类外，还有形式上的类别，包括系列丛书、期刊和电子杂志。系列书是系统介绍某一领域的多本书籍的集合，每本书带有序号，题材多见于科学、历史、人文、理论等。系列书在装帧设计上通常要有统一的风格，各分册根据内容不同又有各自的变化，统一中有变化。有些精装的系列丛书装帧设计精美、值得收藏。图 2-5 ～图 2-8 所示为系列书的设计。

图 2-6 　《中国现代陶瓷艺术》吕敬人设计（1）

图 2-7 　《中国现代陶瓷艺术》吕敬人设计（2）

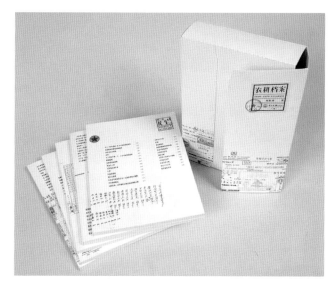

图 2-8 《农耕档案》莫广平设计

系列书由于内容多，编辑内容和系列设计的工作量也大。通常在选题之初，有着大量纷繁复杂的梳理工作要做。例如韩湛宁设计的《百位中国历史文化名人传记》（见图 2-9），由 2012 年启动历时 5 年多完成。

图 2-9 《百位中国历史文化名人传记》

2．期刊

期刊又称定期出版物，有固定刊名，以期、卷号或年、月为序，每期的内容不重复。"杂志"一词，英文为"magazine"，起源于战争中的宣传小册子。这种类似于报纸，注重时效的手册兼顾了更加详尽的评论，于是一种新的媒体也就诞生了。期刊的内容是由根据一定的编辑方针，集合特定领域内由多位作者撰写的专栏所构成。我国最早的杂志《吴医汇讲》类似于现代年刊性质的中医杂志，创刊于清乾隆五十七年（公元 1792 年），停刊于清嘉庆六年（公元 1801 年），前后历时十年，共十一卷。它的稿件是由当时江南一带的名医所供给的，故而得名。德国法兰克福印刷商艾钦格每年印刷出版两次，刊载半年重大事件的文集《书市大事记》，在春季与秋季举行的法兰克福书市上销售。这份半年出版一次的出版物是世界上第一份有固定刊名的期刊。

（1）当今期刊按出版周期分为：旬刊，出版周期为 10 天；半月刊，出版周期为 15 天；月刊，出版周期为 30 天；双月刊，出版周期为两个月；季刊，出版周期为一个季度，即 3 个月；半年刊，出版周期为 6 个月；年刊，出版周期为 1 年。

（2）按内容分为：综合性期刊与专业性期刊。

（3）按学科分为：社科期刊、科技期刊、普及期刊三大类。

（4）按发行范围分为：内部发行、国内公开发行、国内外公开发行等。

（5）按内容分为：学术期刊、技术期刊、普及期刊、教育期刊、情报期刊、启蒙期刊、娱乐期刊等。

（6）按表现形式分为：以文为主的文字杂志和以图为主的图画杂志。

3．电子杂志

电子杂志起源于 20 世纪 80 年代，各类利用电子邮件定期向客户提供信息的网络形式。这种免费订阅与邮寄广告相比，具有更明确的周期性，更强的针对性。如今电子杂志并非仅通过网站专题链接形式的 Web 期刊，而是以 HTML5 技术独立于网站存在，最大的亮点是融合多媒体和交互功能。电子杂志是一种非常好的媒体表现形式，它兼具了平面与互联网两者的特点，融入了图像、文字、声音、视频、游戏等动态效果呈现给读者。此外还有超链接、即时互动等网络元素。电子杂志的延展性很强，可以植入手机、平板、电脑、数字电视机顶盒等多种终端进行阅读。

2.3 不以出版为目的的书

除了在市面上能购买到的书之外，还有一种书的存在，它区别于传统书籍形式，为寻求新的设计语言，运用非常规手段产生一种形态概念上的创新，且尚未在市场上流通，这一类书籍被称为概念书。概念书设计是书籍设计中的一种探索性行为，从表现形式、材料工艺、装帧技术上进行前所未有的创新突破。例如《反书》的内部造型使用折纸法，读者只有将书籍的模块折叠成20面体后才能了解书籍的内容表达。据设计者介绍，此书造型受尼卡尔诺·帕拉的《反诗歌》的启发，阅读者可以通过书的外形体会作者想要表达的思想内涵。人物传记《作者肖像》则是采用3D建模

技术对书中人物的轮廓建模，而后使用模切工艺裁制书籍从而制成别致的立体书形。通过书籍外形能体味书中所记载人物的形象，使读者刚接触此书便能够与书中人物形成情感联结。《点亮自然》（见图2-10）随书配备了"神奇滤镜"，根据三原色原理，当读者使用其中一种颜色的眼镜看图时，另外两种颜色的图案会被自然过滤掉，原书中繁杂的图像就变得清晰起来。这样"好玩"的图书将单纯的知识灌输，变成读者主动发现的乐趣，成功吸引了儿童读者。《哪里才是我的家》（见图2-11）是一本奇妙的"冰书"，阅读之前需要把它放入冰箱冷冻20分钟，之后，极地零下18℃的风光和各种憨态可掬的动物慢慢浮现，随着温度升高它们的画面消失，这样的设计让孩子感同身受：全球变暖，企鹅的家园在消失。

受到技术和成本等条件的制约，概念书不能大批量生产，它的读者群范围还仅限于艺术家、爱好者、收藏者等。正如同某些T型台上的服饰还不可能在时下流行，它们的存在为未来的设计创造了无限的可能，并且在人们对书籍艺术的审美和对书籍的阅读习惯以及接受程度上具有前瞻性和借鉴性。

图 2-10 《点亮自然》

图 2-11 《哪里才是我的家》

2.4 书的构成——开本

书的构成元素很多，书籍的设计通常先从确定开本着手，也就是设定书的大小。一本书握在手里是否舒适，查阅和检索是否方便，都与开本的设计不无关系。不同开本给人的感觉不同，大开本沉稳端庄，小开本清新秀气。选择什么样的开本没有严格的规定，主要标准是在合理利用纸张的基础上再考虑是否符合书籍内容特色和读者的需要。

书的常见开本有 8 开、16 开、32 开、64 开（见图 2-12），它们分别是由整开纸的 1/8、1/16、1/32、1/64 得来。8 开一般用于画册、字帖类图书；16 开多见于杂志、教材；32 开是普通书籍最常见的尺寸；64 开则普遍用于便携的口袋书或工具书。

需要注意的是，整开的纸张尺寸有不同的规格，分为大度和正度（见图 2-13）。大度是国际标准，尺寸稍大，整开纸尺寸为 1194×889mm；正度是国内标准，尺寸稍小，整开纸尺寸为 1092×787mm。为区别其不同，人们通常在开本前再前缀大度或正度，如大度 16 开尺寸是 210×285mm，接近我们常用的 A4 纸大小，正度 16 开尺寸是 185×260mm，接近我们常用的 B5 纸大小。除此之外还有特殊开本，如长条书、异形书、心形书、圆形书等（见图 2-14 ～图 2-17）。

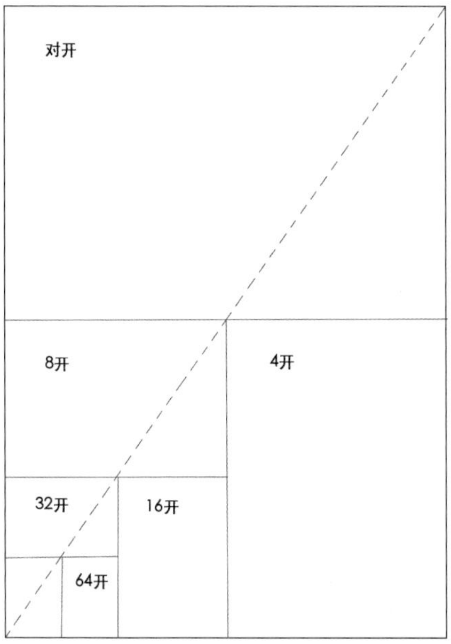

对开

8开 4开

32开 16开

64开

正度（未裁切全张787x1092）

正对开 520x740
正4开 370x520
正8开 260x370
正16开 185x260
正32开 130x185
正64开 92x130

大度（未裁切全张889x1194）

大对开 570x840
大4开 420x570
大8开 285x420
大16开 210x285
大32开 142x220
大64开 110x142

单位：mm

图 2-12 纸张开本与尺寸

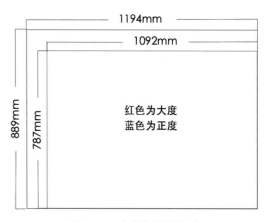

1194mm

1092mm

889mm

787mm

红色为大度
蓝色为正度

图 2-13 大度与正度尺寸

图 2-14　长条状藏文书　　　　　　　　　　　　　图 2-15　小开本的书

图 2-16　圆形书

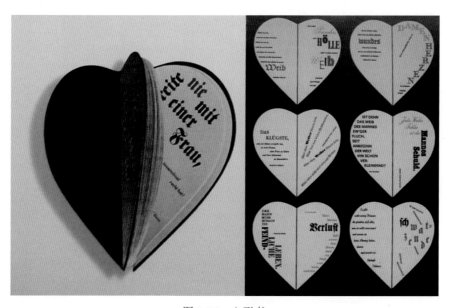

图 2-17　心形书

2.5 书的构成——外表

就像人的外貌一样，每本书也有自己的外表。以一本精装书为例，在其合上的状态下，硬皮封面以外的部分有封面、封底、书脊、护封、勒口、腰封以及最外面的函套等，统称书的外表（见图2-18）。此书在打开后所展现的内容统称书的内在（见2.6节内容），其包括环衬、飘口、堵头布、扉页、目录、正文等书芯部分。

1. 封面

封面是一本书的脸面，呈现最重要的视觉效果，给人最直观的第一印象。封面上一般要求出现书籍名称、编著者或译者姓名和出版单位等信息。据统计，在书店，80%的读者是被封面吸引而翻阅和购买图书。既然封面设计如此重要，那么需要综合考虑的因素也有很多，像图案、色彩和文字。

首先，选对图案就可以事半功倍，如图2-19所示，《蜡染》一书的封面绝大部分版面由一块蜡染花布构成，这块花布具有形式美感和肌理质感，既直观地体现了蜡染的工艺、图案、色泽等特征，也能很大程度地贴合图书的主题。

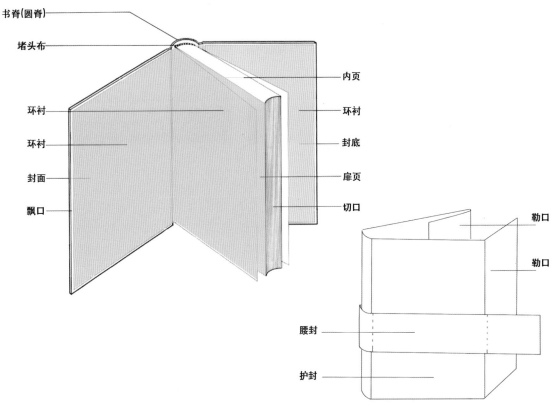

图 2-18　书的外表

如图 2-20 所示，这一独立完整的佛教图案本身就能很好地传达图书主题。

如图 2-21 所示，封面采用丰富的色彩将书籍内容一个一个分类呈现，并通过点缀中华传统纹样使内容清晰，点明主题。

如图 2-22 所示，《坡芽歌书》是流传在云南省富宁县壮族地区，以原始的图画文字将壮族民歌记录于土布上的民歌集，是迄今为止发现的唯一用图画文字记录民歌的文献。《坡芽歌书》的封面图案采用象形文字传达主题，用土布丝网印将土布的毛边和质地表露无遗，这种不失为质朴、直观的表达方式的确很适合主题。

如图 2-23～图 2-25 所示，《肥肉》一书集中呈现了一个有关"肥肉"话题背后的大时代、集体记忆和私人逸事。封面设计采用高清肥肉图片，整本书也像一块肥肉，视觉上直观幽默，令人印象深刻。

图 2-19　《蜡染》

图 2-20　《新疆佛教艺术》

图 2-21　《多彩中华》

图 2-22　《坡芽歌书》

图 2-23　《肥肉》（1）

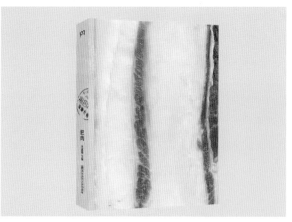

图 2-24　《肥肉》（2）

如图 2-26 和图 2-27 所示，两本书均为借用世界名画或著名的公共通识元素，引人联想、与主题产生巧妙的共鸣。

除图案外，封面也要考虑文字设计。如图 2-28 和图 2-29 所示，巧妙的字体设计甚至可以代替图案反映书籍主旨。所以说，图案和文字构成了封面设计的主体。

2. 封底

封底是封面、书脊的延续，风格一般也延续封面，通常出现介绍性文字、定价、条形码、二维码等信息。

3. 书脊

书脊是连接封面和封底之间的部分，是书的厚度。由于当书置于书架上时，书脊是唯一可见面，所以也被称为书籍的第二张脸。书脊上一般印有和封面相同的信息（见图 2-30），即书名、作者、出版社。系列书还将其辑次、卷次、编号等标注于书脊之上。书脊也有其他的编排形式，例如，和封面、封底联合的设计（见图 2-31）；此外，还存在裸脊的形式，裸脊就是线装书芯半成品的样子，当书做成裸脊时，无法印刷书脊信息，这时就需要合理的设计布局。如图 2-32 所示，书脊信息印刷在腰封或护封上。

图 2-25　《肥肉》（3）

图 2-26　《贫穷的本质》

图 2-27　《装饰艺术》

图 2-28　《京都历史事件簿》

图 2-29　《思在》

图 2-30　书脊上的信息

图 2-31　和封面、封底联合设计的书脊

图 2-32　裸脊书和腰封

4．护封

　　护封，顾名思义是保护封面、书脊、封底的部分，也是封面设计的延伸。它通常以两个勒口（见图 2-33）附于封面、封底之上，起到与封面呼应、互补的作用，也可以增加封面的色彩和层次。护封有许多不同形式和材质，如图 2-34 所示，展开护封是一张海报；如图 2-35 所示，护封为一个包袱式图案，以插口的形式连接；图 2-36 所示为对开门式护封，像文件袋一样用线缠绕固定；图 2-37 所示为锡纸拓印封面图案的护封。

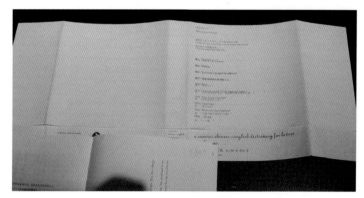

图 2-33　护封和勒口

图 2-34　海报护封

图 2-35　包袱、信函式护封

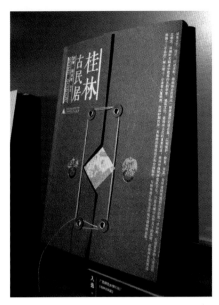

图 2-36　对开门、文件袋式护封

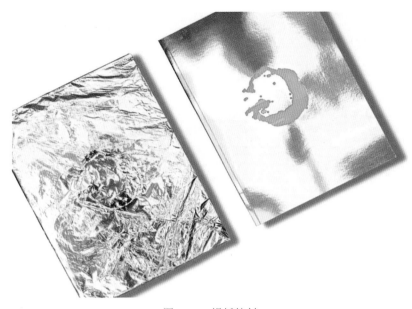

图 2-37　锡纸护封

5. 勒口

勒口的作用是保护封面、封底不起折角，勒口通常承载作者简介或书籍简介等信息，如图 2-38 所示。

6. 腰封

腰封可以算护封的附件，与护封形式相同，是附于护封外的条状装饰物，因位于书的中部或以下且成条状，与腰带类似故而得名。腰封通常承载着出版广告或补充书籍相关出版信息的功能，有时被用作书签。但许多设计师不满于它的基本功能和基础形态，总是绞尽脑汁地将它设计成各种形式，使其既有实用价值又能最大限度地装饰书籍。

如图 2-39 所示，腰封位于书籍下部，承载着作者照片和书籍广告信息，照片和封面上的二维图案在视觉上形成对比，黑色与黄色在明度上形成强烈对比，吸引读者。

如图 2-40 所示，《中国记忆》在腰封和函套的共同作用下，呈现丰富的层次。在这个案例中腰封的作用十分大，它的尺寸比一般腰封宽一倍多，占据了封面三分之二以上。为了能更好地体现封面的完整性，此腰封承载了护封的作用，印有封面、书脊上的全部信息。

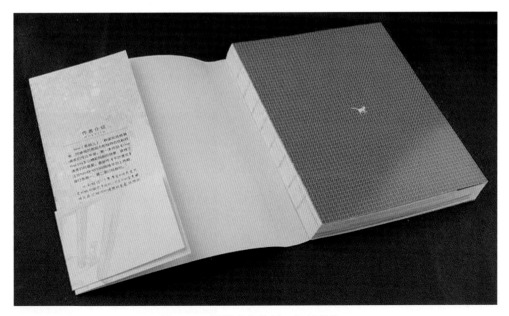

图 2-38　裸脊书和护封、腰封的勒口

图 2-39　腰封案例（1）

图 2-40　腰封案例（2）

如图 2-41 所示，此书的腰封位于封面上部，不仅很好地完善了封面和书脊的信息，而且也恰好起到了留白的作用。和图 2-41 相反的是图 2-42 所示的书籍，腰封位于书的下部，在肌理质感的特种纸上印刷图案，并与封面呼应，充分展现《古本山海经图说》古朴的风貌。

7. 函套

函套是书籍最外层的保护壳，函套的出现增加了精装书的层次感，使整体装帧设计更加美观丰富。函套的形式有很多，如：盒式（见图 2-43）、抽屉式（见图 2-44）、异形抽屉式（见图 2-45）、开合式（见图 2-46）、信函式、包袱式、数字式（见图 2-47）等。函套通常使用比较坚固的材料，除硬纸板外还可以采用其他材质，例如亚克力（见图 2-48）、木质（见图 2-49）、聚乙烯（见图 2-50）、布袋（见图 2-51）、硬纸板裱布（见图 2-52）等。

图 2-41　腰封案例（3）

图 2-42　腰封案例（4）

图 2-43　盒式函套

图 2-44　抽屉式函套

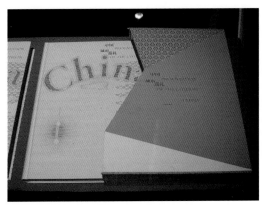

图 2-45　异形抽屉式函套

图 2-46　开合式函套

图 2-47　数字式函套

图 2-48　亚克力函套

图 2-49　木质函套

图 2-50　聚乙烯函套

图 2-51　布袋函套

图 2-52　硬纸板裱布函套

8. 切口、订口设计

书的切口通常指与订口相对的边，由纸张的厚度所形成的面。图2-53和图2-54所示的《全宇宙志》一书，杉浦康平先生利用书籍切口这个容易被人忽视的区域，经过精妙的计算和设计使书籍切口正翻和反翻呈现不同的星系效果。图2-55和图2-56所示是吕敬人先生在《梅兰芳全传》的切口处精妙的设计，切口正翻呈现生活照，切口反翻呈现扮相照。

书的订口设计最常见的方式就是裸脊，又或者如何最大限度地利用线装产生的变化，有关于装帧形式的设计在第5章中将详细讲述。图2-57所示为书籍切口和订口的奇思妙想。

9. 飘口

硬壳精装书的书壳要比书芯大2～3mm，大出来的这部分叫飘口（见图2-18），起保护书芯的作用。

10. 堵头布

精装书的封面书脊与书芯的连接处，起装饰性作用的织物或丝带称为堵头布或藏头布（见图2-18）。

书籍的外表元素中，封面、护封是设计的重点，风格上要统一，如果二者在视觉设计上风格变化较大，也要注意其关联性。

图2-53　《全宇宙志》的切口正翻

图2-54　《全宇宙志》的切口反翻

图2-55　《梅兰芳全传》的切口正翻

图2-56　《梅兰芳全传》的切口反翻

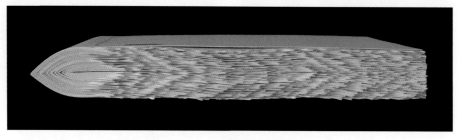

图2-57　《风吹哪页读哪页》

2.6 书的构成——内在

页，扉页设计旨在进一步强调书籍信息，具有一定的抒情性和引导性。扉页要印有书名、副题、编著者、译者、出版社等信息（见图 2-59 和图 2-60），许多设计师采用双扉页或更多扉页，目的是营造书籍意境之美或渲染情绪，感染读者。

书籍的内在是指除去书外部的书芯部分，其结构包含环衬、扉页、目录、章节目录、正文、版权页。

1. 环衬

环衬是在书籍封面后、扉页前的一页，通常分为前后两个，分别粘于封面与封底，是连接封面、封底、书脊与书芯的一个重要部分，如图 2-58 所示。环衬一般不印文字，一些精装书还采用多层环衬。

2. 扉页

扉页在环衬后，通常是书开始的第一

图 2-58 环衬

材质上，环衬和扉页的用纸应有所讲究，环衬起到固定连接作用，故而要选择结实的纸质。环衬和扉页可以选择各种色泽和质地的再加工装饰纸、染色衬底色纸、硫酸纸、绵质纸、宣纸等，以增加书的文艺气息和艺术韵致。

图 2-59 图书扉页（1）

图 2-60 图书扉页（2）

3. 目录

目录含有书籍内容、页码等重要导航信息，分为文字目录和图形目录两种。目录的设计除了满足功能性需求，也给设计师们留有可以发挥的空间，有的设计师采用图文结合的形式（见图 2-61 和图 2-62），有的使用信息图表目录（见图 2-63）。人们逐渐认识到信息的分类、识别、理解与图形关系重大，所以信息

图表设计与书籍结合得相当紧密，不少书籍的内容也结合信息图表来做，取得了良好的效果。

4. 章节目录

章节目录是每章节的第一页（见图 2-64 和图 2-65），其作用除了书籍章节的导航功能外，也是读者阅读间的视觉休息区。

图 2-61　图文目录（1）

图 2-62　图文目录（2）

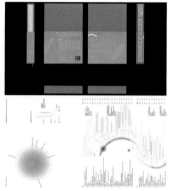

图 2-63　信息图表目录

图 2-64　章节目录（1）

图 2-65　章节目录（2）

5. 正文

正文就是书籍的内容页，其包含页眉、页码、插图、文字编排等（详见第 4 章）。

6. 版权页

版权页可以理解为书籍的出生证明，包含图书在版编目（CIP）数据、书名、作者、出版社、承印厂、开本、版次、印数、书号、定价等信息。如图 2-66 所示，版权页通常有固定格式，无须设计。

图 2-66　版权页

概念书不拘于传统书籍表现形式，通常包含书的理性编辑构架和物性造型构架，是书籍传达形态概念上的创新。概念书根植于内容，却又在表现上另辟蹊径，如图 2-67～图 2-71 所示。

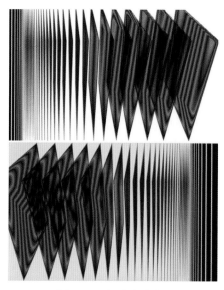

图 2-67　概念书海报

图 2-68　宛如雕塑的书（1）

图 2-69　宛如雕塑的书（2）

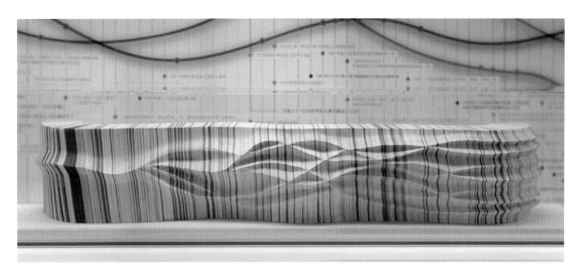

图 2-70　宛如雕塑的书（3）

如图 2-72 所示，该设计获靳埭强设计奖、2006 全球华人大学生平面设计比赛铜奖、天津大学生平面创意设计大赛一等奖。

如图 2-73 所示，该设计在"设计之星"全国大学生视觉艺术大赛中获奖、入围第二届全国大学生书籍邀请展。

如图 2-74 所示，《看看镜中的自己》的立意是关于时间，顺时针一页一页转动为书的页序，引导读者思考、感受时间的同时感知自我。

如图 2-75 所示，该书为第七届全国书籍设计展获奖作品。

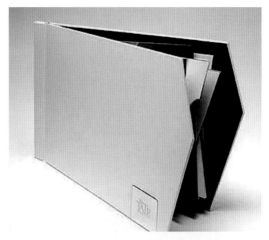

图 2-71　不锈钢书

图 2-72　组合的书

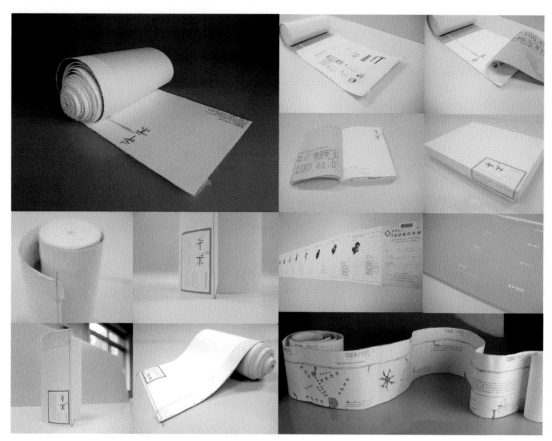

图 2-73　检验报告书

图 2-74　《看看镜中的自己》

图 2-75　能吃的书

第 3 章　书之立意与编辑

书之立意

书的功能性编辑设计

欣赏——最美的书

绎出来。好的设计师不会有固定的风格，他会赋予每本书不同的感觉。立意好的书会使读者开卷前有期待感，掩卷后有会心感。下面将列举几个不同的立意点。

图 3-1　《呐喊》

清代方薰曾道："意奇则奇，意高则高，意深则深。"立意是书籍设计的灵魂，立意平庸，即使在形式处理上再下功夫，也不见得博人眼球。书籍设计立意通常分两步走，首先要定位，明确书籍的所属类别、受众、题材内容特征等，其次再思考用何种恰当的方式表现出来。

近代中国第一本书籍装帧作品是由鲁迅先生亲自设计的《呐喊》（见图 3-1），封面背景为深红色，中上方黑色方框背景上外加一个红色线框看上去如同一个铁窗，线框内是隶书风格的"呐喊"两字（鲁迅题），仿佛一个觉醒者透过铁窗向大众发出呐喊之声。《呐喊》封面设计简约而不简单，立意高深、个性鲜明，至今也实属典范。

立意有时与风格相关，但并不需要刻意追求风格，而是针对不同立意，充满想象地对素材在固定空间内有把握地诠释演

1. 立意于文字的设计

《意匠文字》由全子、王序设计，如图 3-2 和图 3-3 所示，记录了中国文字在漫长的发展历史中幻化出的千姿百态，设计者将书名中的两个字占据了封面三分之二的位置，使书的内容醒目了然。在此类设计中，字体起着非常重大的作用，必须把握好字体设计及字形的选择。内页的编排也在突出字体的立意之下进行，在这里字体即是图形，也是成功的关键。

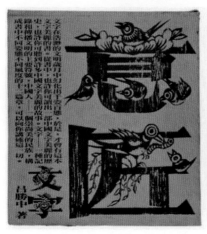 

图 3-2　《意匠文字》（1）

图 3-3　《意匠文字》（2）

如图 3-4 和图 3-5 所示，由刘晓翔、杨立新设计的《囊括万殊裁成一相：中国汉字"六体书"艺术》一书，其立意充分体现了浓郁的中国书法文化。如果读者喜欢其中某一页的书法作品，可以直接装裱起来，这个立意无疑成为书法爱好者的福音。

2. 立意于装帧的设计

在此类设计中，装帧形式、材料用纸要巧妙、突显新意，又不能喧宾夺主，需要与书籍的内容完美融合。如图 3-6 所示，朱赢椿设计的《不裁》一书，封面上有车线工艺，内页采用了中国传统的毛边书形式，书中间有部分页未裁开，需要读者亲自动手，用扉页上的纸刀裁开，"不裁"就看不到，裁到哪儿看到哪儿，与书中独立的一个个随笔文章相映成趣，读者也乐于如此互动。

如图 3-7 所示，速泰熙设计的《吴为山写意雕塑》一书，此书的装帧设计和吴为山的雕塑是一致的，整本书犹如一块铜制的雕塑，设计者通过装帧材料直观地向读者展示了雕塑的斑驳青铜肌理。封面除了放置在左上角的书名文字外，没有其他多余元素。中央美术学院院长范迪安先生曾评价此书："这是一本沉甸甸的书，是一件雕塑。"

如图 3-8 所示，曲闵民、蒋茜设计的《乐舞敦煌》一书，选纸很用心、也非常特殊，封面将宣纸元素拓在牛皮纸上，修缮古籍书也是采用这样的方式，内文还夹装了极具质感的纸张。这种纸最大限度地再现了敦煌壁画的现状，极具真实感官质感，同时有一种残破的感觉。书还用小封条封住，体现了敦煌壁画的神秘感。

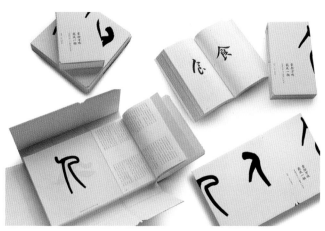

图 3-4 《中国汉字"六体书"艺术》（1）

图 3-5 《中国汉字"六体书"艺术》（2）

图 3-6 《不裁》

图 3-7　《吴为山写意雕塑》

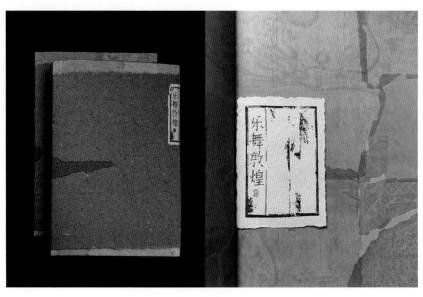

图 3-8　《乐舞敦煌》

3．立意于过程的设计

如图 3-9 所示，《虫子书》由朱赢椿设计，一共做了五年。设计者种菜养虫，把菜上的东西变成文字，这个过程是美的，是"滋润"的。他看蜘蛛一板一眼地结网，编织出"W、Y、N……"；他观察蚕食菜叶，小心地给它们做墨池，看虫子们"画"出一幅幅山水画；他废寝忘食地在草丛里收集了 15 000 片叶子，最后留下约 5000 个字和一本书。这本书立意于记录过程和自然痕迹，其装帧和版式也趋于自然。

4．立意于本土文化的设计

"中国风"设计立意即设计者采用中国传统文化的某个领域与书籍内容相关的视觉图形来装饰书籍。如图 3-10 所示，为采用中华武术少林功夫元素设计的经折装书籍。

5．立意于色彩的设计

如图 3-11 所示，这本"德国最美的书"——《地图集：以色列的巴勒斯坦人聚居地》，封面深绿色的布面背景上印出绿松石色，设计者还将绿色这一醒目的颜色元素贯穿全书。如此养眼的绿色调成为本书最吸引人眼球的立意。

图 3-9　《虫子书》

图 3-10　经折装书籍

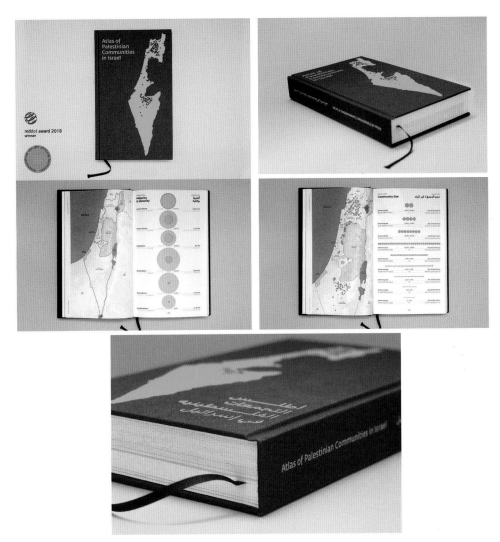

图 3-11 《地图集：以色列的巴勒斯坦人聚居地》

如图 3-12 所示，《湘夫人的情诗》入选了"中国最美的图书"，其护封、封面、内页插图等都是通过不同明度、纯度的紫色贯穿下来，使整本书的设计笼罩于同一种色调中，呈现出特别的韵味，与书的题材一样延续着浪漫的情调和高雅的品位。

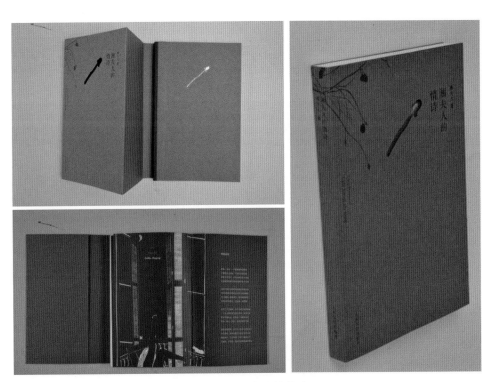

图 3-12 《湘夫人的情诗》

第 3 章 书之立意与编辑 ◆

6. 立意于手工的设计

　　无论多么精细的标准化机器生产永远都不能取代手工制作，原因是手工制作的独一无二性和具有的人文精神以及特殊含义。图3-13～图3-17所示为各类手工书，其中图3-17所示的作品为入选第七届全国书籍设计艺术展的手工布艺书，专为3～6岁儿童设计，封面可以引导幼儿学会自己系鞋带，在一针一线间体现了满满的温情和人文关怀。

图3-13　手工编织封面

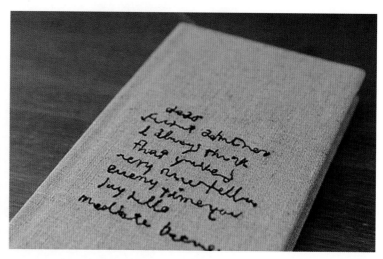

图3-14　手工裱装布刺绣封面

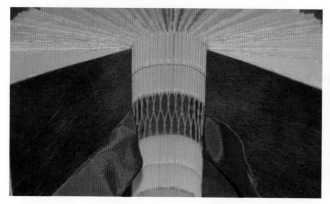

图3-15　手工线装丝带

图3-16　手工布艺函套刺绣

图3-17　手工布艺儿童书

7. 立意于开放式思维的设计

还有一部分书的立意天马行空，我们把它们归类为开放式思维设计。具体表现可以从下面案例中理解。

如图 3-18 所示，这本杂志中每一页的版式都成倾斜状，每页只有画面的一部分，引起读者的好奇心，通过折叠后才能欣赏到隐藏着的完整插图，这是立意于交互的设计。

如图 3-19 所示，书籍附有 3D 眼镜，读者戴上眼镜能进入 3D 世界，这是立意于三维空间体验的设计。图 3-20 为日本的童书，书籍的设计利用反光材质产生神奇的光学立体效果。

图 3-18　杂志交互设计立意

图 3-19　三维空间体验设计

图 3-20　反光错视立体设计

《Metropoli》是一本来自西班牙的周刊，该杂志最吸引人眼球的就是每期封面设计。如图 3-21～图 3-28 所示，这些封面的设计并不拘泥于版式或任何规范，每一期的设计都尝试各种创新性的新鲜手段，有复古怀旧的、有潮流前卫的、有蹭时政娱乐热点的，还有用特效来引人关注的，这些变化多端的封面设计并无规律可言，所以该设计的立意是封面的创意。

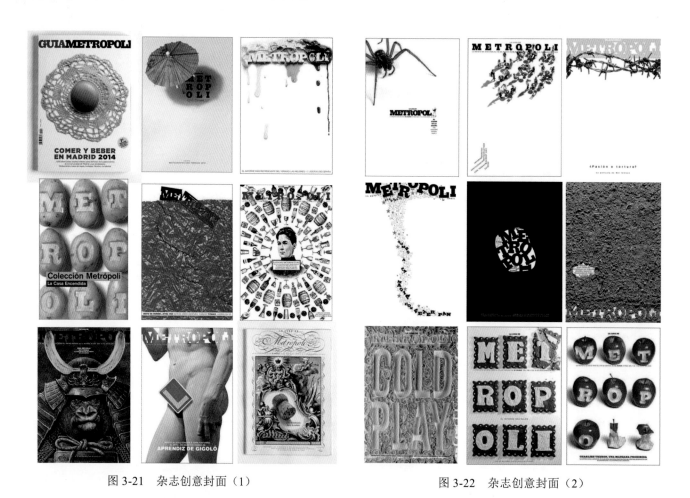

图 3-21　杂志创意封面（1）

图 3-22　杂志创意封面（2）

图 3-23　杂志创意封面（3）

图 3-24　杂志创意封面（4）

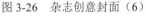

图 3-25　杂志创意封面（5）

图 3-26　杂志创意封面（6）

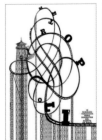

图 3-27　杂志创意封面（7）

图 3-28　杂志创意封面（8）

图 3-29～图 3-32 所示为故宫出版的《谜宫·如意琳琅图籍》，这是一部"创意互动解谜"书。这本书的立意突破了传统纸质书的形式，寓教于乐。你将在一款专用的网络上，扮演宫廷小画师周本，在得到这本《谜宫·如意琳琅图籍》后，寻找传说中的琳琅宝藏。寻宝之旅充满艰险，背后似乎还隐藏着复杂的宫廷斗争。30 多个环环相扣的谜题，需要读者用网络推动剧情，同时用实体书和配件完成任务。在完成本书游戏的全过程中，读者会了解并收获 200 多个历史知识：从清代人物画像到建筑服饰，从白描线条到粉黛颜色。不只是文化知识，还是一本扎实的皇家美学图鉴。如果读者不是密室逃脱或寻宝游戏及福尔摩斯的爱好者，把它当作一本有趣的历史故事书读下来也是收获颇丰。总之，书的立意要在尊重书籍内容的基础上去思索表达形式上的创新，再根据广大读者的个性化需求，尝试通过技术手段将声音、图像、视频等合理地融入出版产品中，目标是为了提升读者的阅读体验，吸引读者在快节奏的生活中为之驻足停留。

图 3-29　《谜宫·如意琳琅图籍》（1）

图 3-30　《谜宫·如意琳琅图籍》（2）

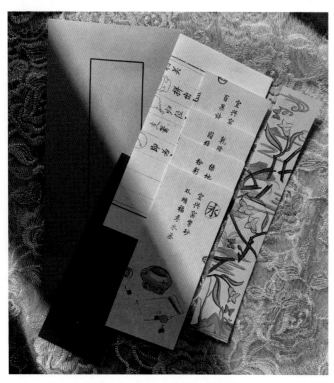

图 3-31　《谜宫·如意琳琅图籍》（3）

图 3-32　《谜宫·如意琳琅图籍》（4）

3.2 书的功能性编辑设计

如果把书籍设计者比作书稿作者与读者沟通的桥梁，那么怎样将不同类型的书稿及纷繁复杂的内容以最合理的方式呈现给读者，这是有关书籍"功能性"特征的一门深刻学问。合理的内容设计对一本书给人的整体印象是极为重要的，设计者是精心布局还是敷衍了事，绝对会对读者产生不同的影响。好的编辑、排版可以是好题材的发掘者和催化剂，漫不经心的编辑、排版也许会将好的题材给葬送。通过下面几个案例将充分体现编辑设计为阅读带来的"加分"体验。

如图 3-33 所示，此书是清华大学的三位教师带领团队持续对楠溪江、诸葛村、婺源、安徽关麓村进行十几年的中国民居调查，以很高的专业水准和研究方法，积累了一份极其珍贵、详尽的中国民居资料。汉声出版社先后出版了这一系列研究成果的繁体版书。

如图 3-34 所示，以《关麓村》一书为例，此书采用大开本线装，繁体竖排，纸质、印刷、版式、装帧看上去都很特殊，不太像严谨的调研资料设计风格。因此第一印象难免会使人觉得只是设计上稍微花俏而已，竖排又不太符合阅读习惯，除非必要否则读者难以下决心购买。但是读者在阅读之下才深深体会到它的好处。这本《关麓村》的图片信息量很大，所以书中附有一个测绘图集，如图 3-35 所示，把村落地势布局图、各种功能建筑、住宅建筑的平、立、剖面轴测图、装饰家具纹样结构图合订为一辑，可以让读者在读相关内容时拿出相应图集比对，直观方便。

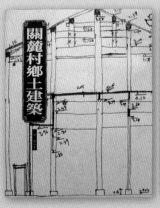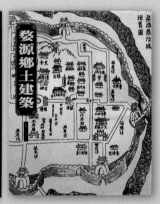

图 3-33　汉声版《中国民居调查》系列书

图 3-34 《关麓村》封面

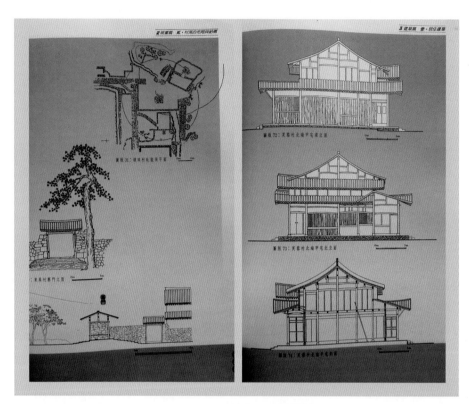

图 3-35 《关麓村》测绘图集

为了方便读者查阅，有的内容索性跨页排到一起。图 3-36 所示为关于卧室的陈设，十张图刚好阐述了涵盖的九个信息点，图片不大却都恰好精准地配放在相应信息点的上方或下方，实在不方便编排之处则用细线关联。这样的编排在清晰阐述内容的同时也不至于打断文气，并使读者脑海里迅速建立了"卧室"的立体概念，体会到一气呵成的阅读畅快。类似的功能性设计还有很多，如图 3-37～图 3-41 所示，使人深深感到编辑设计的良苦用心和编排设计功力之深。

图 3-36 《关麓村》卧室一节

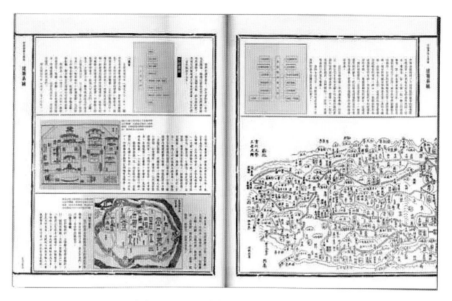

图 3-37　婺源村落风水与宗族背景

图 3-38　理坑村的概貌

图 3-39　俞源村实景与剖面的跨页搭配示意

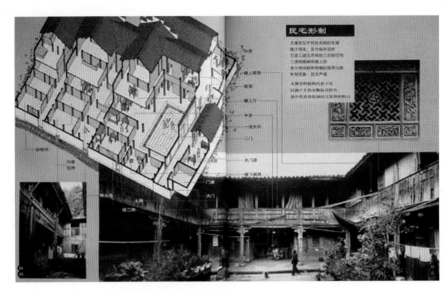

图 3-40　郭洞村实景与轴测图的跨页搭配示意

另一个案例是一套关于法律的系列工具书，这套书的封面设计虽然很平常（见图 3-42），但设计者却将检索这一功能作为设计的重点，因为此书有一千多页，仅目录就有二百多页。设计者先将此书二百多页的目录又重建了一个新目录，把原目录里的章节标题提取出来按字母顺序编排，然后把它在目录上的页码用相应章节的字母打头重新编。如图 3-43 和图 3-44 所示，"金融卷"中的"信用证"是 C115，还可以从目录页查到有关这个等级的信用证的案例。简单几步就可以带领读者轻松地找到想要的内容。据统计，这套书由于方便检索的特点，销量一直领先于同类题材的工具书。

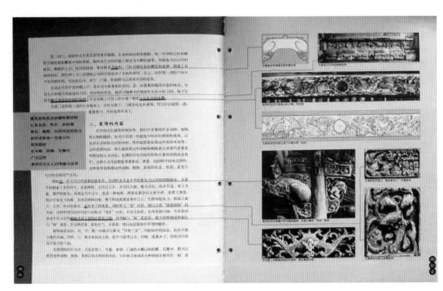

图 3-41　郭洞村装饰题材的拉线解读

图 3-42　法律系列工具书

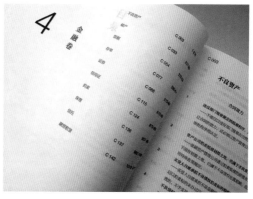

图 3-43　法律工具书内页设计（1）　　　　　图 3-44　法律工具书内页设计（2）

儿童科普类书籍十分考验编辑设计的儿童心理带入能力，如图 3-45 所示，为介绍昆虫的科普类书籍，这本书采用了插图结合文字说明的设计。插图内容将居家场景和昆虫的生活环境结合起来，版式上用四个页面连成一幅既完整又有趣的生活画面，有效帮助孩子们瞬间理解空间概念。

图 3-45　儿童科普类书籍

以上案例充分证明，内容编辑设计对一本书所起的作用。能否让非专业读者将一本专业书籍轻松阅读下来，并准确接收到所传达的信息，这确实考验设计者的功力。书籍设计工作者应多重视书籍内涵，毕竟对于购买科普教材类或工具书的读者来讲，书籍漂亮的外表不是必需的，功能性却是实实在在的（见图 3-46）。

图 3-46　《高中生物概念地图》

"最美的书"的评选最早起源于 20 世纪初的美国，后经捷克、荷兰、德国的响应至今已经发展成为世界范围的活动。每年在德国的莱比锡会举行"世界最美的书"评选，我国每年也举办"中国最美的书""全国书籍装帧艺术设计展览"这样的书籍评选活动。"最美的书"的评审标准是立意需符合书的内涵、注重书籍整体艺术感、在装帧工艺上达到艺术和技术的最高水平。在这类评选中获奖的书无疑也反映出我国书籍装帧设计的最高水平。

如图 3-47～图 3-52 所示，由刘晓翔设计的《文爱艺爱情诗集》一书，获得 2017 年度"中国最美的书"称号。这是一本关于爱情的手工书，以"时间"概念立意，阐述爱与永恒。封面上的 5 和 2 代表一年 52 周，5 的竖和 2 的横被去掉，留给了读者想象的空间。内文的 52 个筒子页中各有一张印着橘红色爱情诗的插页，这首诗同时又完全以压凹工艺印在白色的筒子页上，表现了爱情所兼具的纯净与火热。全书材质考究，风格素雅，原创性使人眼前一亮。乍看之下，这像是一本"无字书"。空白页的压凹字体，需要读者翻阅、变换角度去找到一束光，才能看清细腻而浓烈的爱情诗歌。书脊分成 4 条，其设计手法在硬精装书上是第一次见到。作为中国第一本由出版社出版的手工制书，刘晓翔与雅昌团队共同打磨了三个多月。

图 3-47 《文爱艺爱情诗集》（1）

图 3-48 《文爱艺爱情诗集》（2）

图 3-49　《文爱艺爱情诗集》（3）

图 3-50　《文爱艺爱情诗集》（4）

图 3-51　《文爱艺爱情诗集》（5）

图 3-52　《文爱艺爱情诗集》（6）

如图 3-53 ～图 3-64 所示，《不哭》一书由朱赢椿设计，此书的封面创意是从印刷厂装订车间的半成品书得到的启发，那是一种未完成状态，是一种似乎待人去动手抚慰的状态，很符合本书的特质。根据故事主人公的性格特点和年龄，设计者选择了最质朴、也是生活中最常见的纸张。封面是粗糙的充满质感的包装纸，用其背面，像一件洗得发白的旧衣服。再用一层薄薄的纱布，从书脊延伸到了封面和封底，书脊的纱布上贴着一条毛边的牛皮纸，乍一看，像是在装订过程中突然停下来，时间仿佛被定格、凝固了，让人感到沉郁而伤痛，在质朴之中，隐含着浓浓的悲悯之意。内页通过用纸张的细腻和粗糙、开本的纵长、色调的冷暖向读者传达书中的感情。

图 3-53　《不哭》（1）

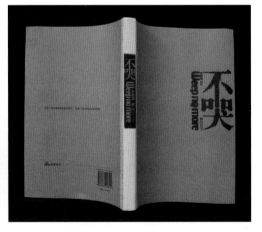

图 3-54　《不哭》（2）

图 3-55 　《不哭》（3）

图 3-56 　《不哭》（4）

图 3-57 　《不哭》（5）

图 3-58 　《不哭》（6）

图 3-59 　《不哭》（7）

图 3-60 　《不哭》（8）

图 3-61 《不哭》（9）

图 3-62 《不哭》（10）

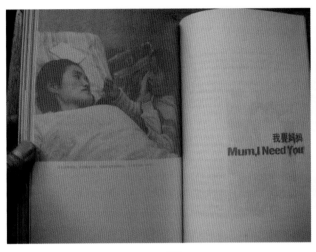

图 3-63 《不哭》（11）

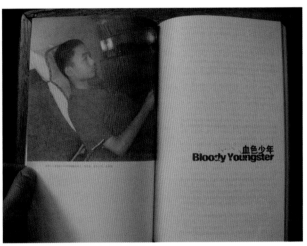

图 3-64 《不哭》（12）

　　如图 3-65 ～图 3-70 所示，《阅读看见未来》一书由韩湛宁设计。这本书共有 36 位作者，他们分布在深圳各行各业，在自己的行业中出类拔萃，都有一个与深圳这座城市的价值相匹配的身份——"读书人"。书中 36 篇文章都言之有物，也有献礼深圳 36 岁的意思。此书将目录设计在封面上，封面上的两个镂空圆点既是冒号也承载了中英文书名。蓝紫色的巨浪使封面醒目，这种颜色也成了贯穿本书始终的色调。著名摄影家吴忠平老师为绝大多数作者拍摄了肖像照片，也为本书添色不少。

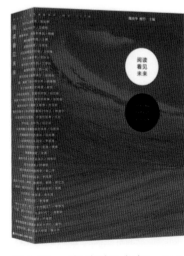

图 3-65 《阅读看见未来》（1）

图 3-66 《阅读看见未来》（2）

49

图 3-67 《阅读看见未来》（3）

图 3-68 《阅读看见未来》（4）

图 3-69 《阅读看见未来》（5）

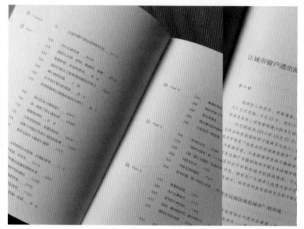

图 3-70 《阅读看见未来》（6）

　　如图 3-71～图 3-77 所示，《乐舞敦煌》一书由曲闵民、蒋茜设计。此书被评为 2014 年度"中国最美的书"，获得了靳埭强设计奖金奖。书的内容为敦煌壁画中舞蹈声乐部分的临摹本。这本书的设计立意是尽可能真实地还原敦煌原作的时代感与沧桑感。本书封面采用特别定制的毛边纸装裱拼贴而成的效果，护封采用四川定做的特种手工毛边纸，护封特意小于封面高度，保留手工纸不规则边缘的效果。内页中高度还原了敦煌残卷的效果，外加书口处的做旧，看似破败实则真正体现了敦煌凄美的特质。此书大部分为手工完成，历时一年多。

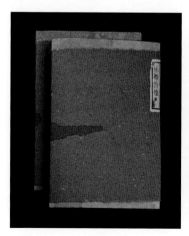

图 3-71 《乐舞敦煌》（1）

图 3-72 《乐舞敦煌》（2）

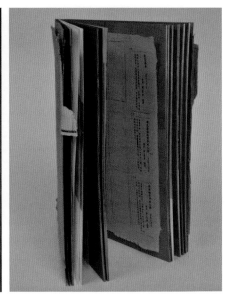

图 3-73　《乐舞敦煌》（3）

图 3-74　《乐舞敦煌》（4）

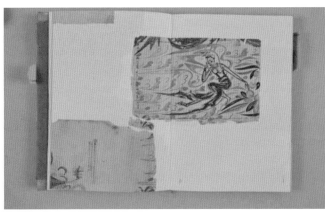

图 3-75　《乐舞敦煌》（5）

图 3-76　《乐舞敦煌》（6）

图 3-77　《乐舞敦煌》（8）

第 4 章　书之内容编排

版式

文字

插图与网格设计

欣赏——中英文编排之美

书的内容指书的内页部分，由版式、文字、插图构成。本章将对书籍内页及版式编排进行探究。

4.1 版式

中国书籍的基本版式分为中国古典图书版式和现代书籍版式两类，现代书籍版式又分为常规编排和非常规编排。

古代书籍一般采用雕版印刷技术，如图 4-1 所示，为明正统十二年刻本《周易传义》，由于当时印刷技术的局限，所有设计元素都只能在版心之中进行编排，反而显得非常整齐。《周易传义》的版式中有许多固定元素，如图 4-2 所示，构成一

定的版式规范并沿用至今，如天头、地脚就是现代的页边距；书眉、书耳就是页眉；版框就是版心。

如图 4-3 所示，这部《三国演义》彩绘全本，页面中的所有内容都居于版心之中，为了放大插图部分，将插图移至切口处，中文按传统竖排在内边距位置、英文居于下边距部分。整体看，这样的编排正是中国古典图书版式元素的现代运用。此类设计一般运用于古典小说、绘画、书法、诗词歌赋类题材的书籍或跟古典文化相关的图书中。

如图 4-4 所示，书口两侧被设计成放置书眉和页码的区域，天头处编排了相关文字介绍，版式上仍保留了版框元素。这个案例借用了中国古典图书的版式并加以改良。

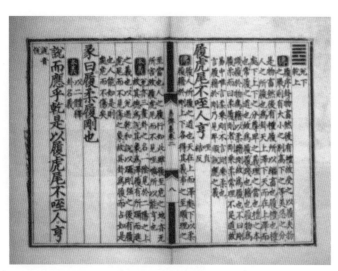

图 4-1 《周易传义》

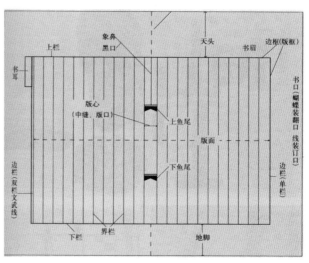

图 4-2 中国古代雕版书页的基本格式

图 4-3 古典图书版式改良案例（1）

图 4-4 古典图书版式改良案例（2）

如图 4-5 所示，切口处竖式排列整合了相关导航和文字信息，同时为插入图片提供了相对完整和足够的版面空间。如图 4-6 和图 4-7 所示，图书的版心较小，很像雕版印刷的版式，天头区域的装饰元素能很好地与插图形状形成呼应。导航信息居于书口处并保留了上下鱼尾等传统元素，以不同颜色区分，使人一目了然。

现代书籍版式设计就是推敲其开本、版心、页边距、文字、行距、间距、图片、图形的各种比例关系。以常规编排版式为例（见图 4-8），版面中有版心、页眉、页码、页边距、行距、字号等元素。

常规编排指有固定的版心，分栏、页眉、页码，文与图通常都居于版心内，或图片稍微超出版心，但不会过分打破版心和分栏的规律。

如图 4-9 所示，图书有明显的版心，页眉、页码等在固定的位置，在这个跨页中图文都没有分栏却非常和谐，属于常规编排。

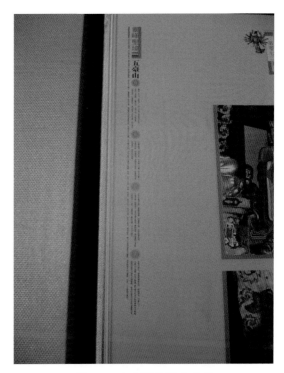

图 4-5 古典图书版式元素

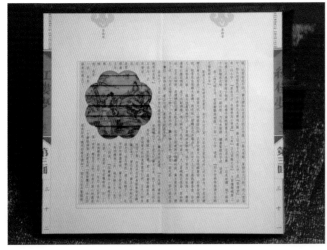

图 4-6 《红楼梦》（1）

图 4-7 《红楼梦》（2）

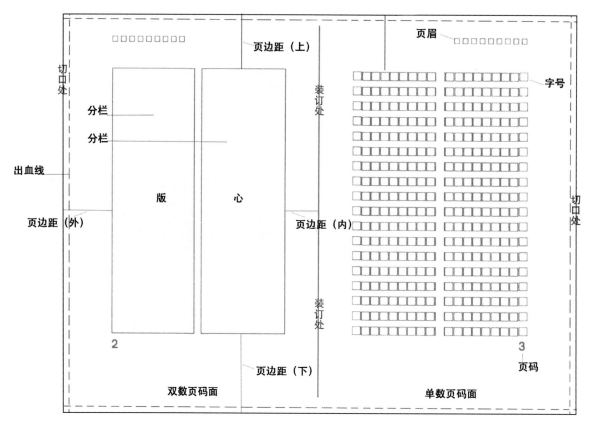

图 4-8　现代书籍常规版式

图 4-9　常规编排

非常规编排也叫自由编排，顾名思义是在编排上具有很自由的发挥空间。如图 4-10 所示，这一跨页的左侧页没有明显的版心，文字绕图排列，有横排，有竖排。看似无规律，实则文字将图分为两栏。右侧页面四边出血，此书翻到这一跨页时要将书旋转 90°来欣赏，使读者的阅读姿势和眼睛得到放松。

图 4-11 所示为无版心的编排，带有背景色的文字栏，无边框的图片等都带给人们新鲜的视觉体验。在非常规编排的页面中，往往页码字体和形式也是非常规的，如图 4-12～图 4-15 所示，页码为非常规设计。只要愿意尝试，非常规编排版式能带给读者足够多的新鲜体验。

图 4-10 非常规编排（1）

图 4-11 非常规编排（2）

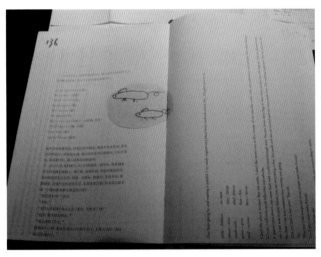

图 4-12 非常规页码设计（1）

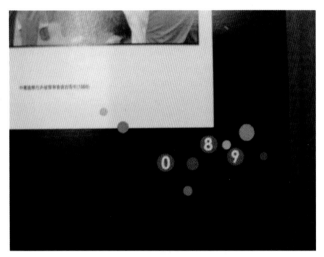

图 4-13 非常规页码设计（2）

图 4-14 非常规页码设计（3）

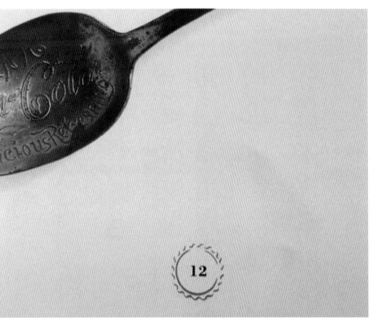

图 4-15 非常规页码设计（4）

4.2 文字

中收集了各种形态的汉字，现代艺术家也在尝试设计书法图案来表达书法的"形"与"意"，由此创造了"书象"的概念，其中徐冰的"假字"（见图4-17）和谷文达拼贴组成的实验性文字（见图4-18），虽然不以传播为目的，但是他们解构中国文字造字法则的构字方式值得借鉴。在书籍设计中，设计师驾驭字体的能力对书籍的整体艺术性起着至关重要的作用。

文字虽然是书籍中的最小单位，但书籍也是文字的载体，换种说法来阐述文字在书中的作用就是：文字的字体、字号、行距、间距决定了一本书的开本、厚薄，以及给读者不同的阅读体验。汉字艺术源远流长、博大精深，在相当长一段时期都是东亚地区的通用文字，汉字日文、汉字朝鲜文都沿用至今。研究汉字，古来有之，纵观汉字进化历史，经历了由图形、甲骨文、金文、石鼓文、小篆、隶书、楷书、行书、草书到现代的宋体、黑体甚至衍化成图像化字体、记号学的符号这样一系列的过程。吕胜中先生在他的《意匠文字》（见图4-16）

图4-16 《意匠文字》

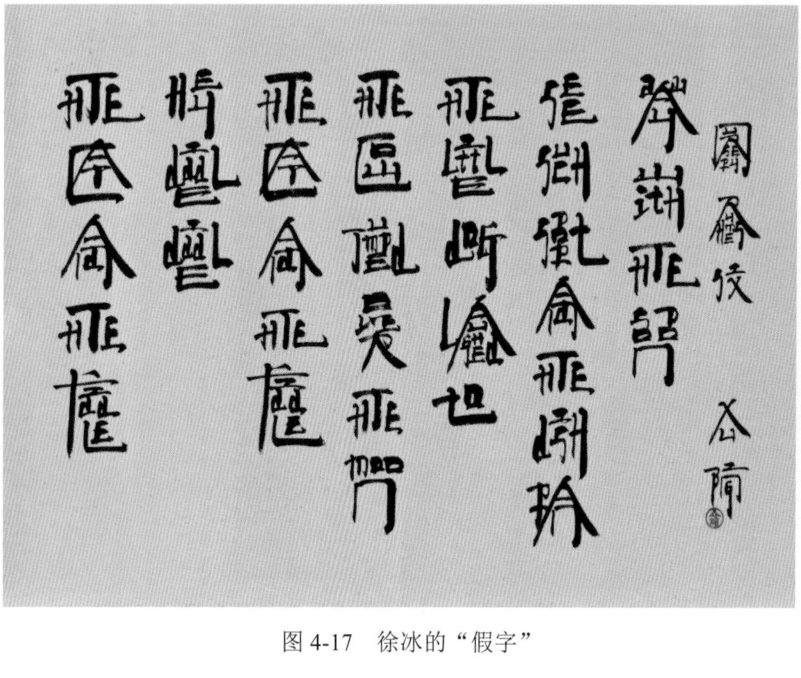

图4-17 徐冰的"假字"

图4-18 谷文达的实验文字

4.2.1　文字的种类

在现代书籍中出现的文字主要有以下三种。

1．书名、标题字

这种字体多用于书名、标题等。这种书法体文字将具体的"形"提炼出抽象的"意"，使汉字体能"表意"，独体独意；组合字体让人望文生义，其象征和寓意可以直戳受众感官。如图4-19所示，传统书法体的再设计，使晕染过的"诗"有了更深层次的意境；如图4-20所示，标题采用不修边幅的文人画书法体，和内容结合得天衣无缝；如图4-21和图4-22所示，"漆"字的书法体与它的物理状态巧妙联系。

图4-19　书法体再设计（1）

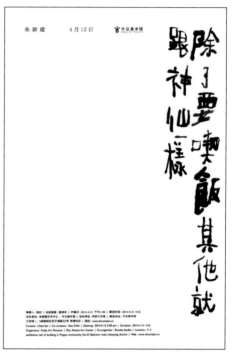

图4-20　书法体再设计（2）

图4-21　书法体再设计（3）

图4-22　书法体再设计（4）

2．计算机制作的特殊效果文字

如图 4-23 所示，这种类型的字体多见于标题字体。其兼具传播功能和叙事功能，还有的甚至打破了平面概念，从二维转向多维表现（见图 4-24）。

图 4-25 ～图 4-29 所示为各种计算机设计的字体，它们千姿百态，引人入胜。

图 4-23　文字与图形的结合设计

图 4-24　C4D 软件设计的立体叙事性文字

图 4-25　涂鸦效果

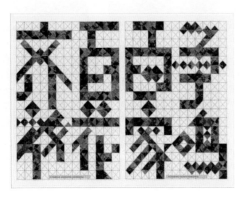

图 4-26　网格效果

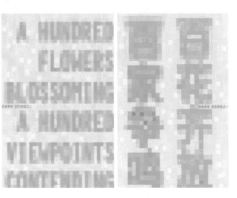

图 4-27　像素效果

图 4-28　迷宫效果

图 4-29　水波效果

3．正文字体

正文字体是基于宋体系列字设计的简化字，它们保留了传统宋体的起笔和落笔，横细竖粗作为立字的重心，和黑体系列字一起承担起传播文化和信息沟通的重担，适合绝大部分纸质媒体和新媒体使用。例如屏宋体（见图 4-30），这种源于人文精神，以手写体作为切入口的字体，不仅适用于电子媒介，其独特、温暖的字形在纸媒上显得复古、更加有人情味。

他山之石可以攻玉，研究中文字的同时就不得不提到英文字中的 Helvetica 字体（见图 4-31）。这款传奇字体诞生于 1957 年，它的两位创造者是平面设计师马克思·米丁格和他的老板爱德华·霍

夫曼。这款不带任何装饰，完全朴素的字体，压缩字母间距，扩大 X（字干）高度。虽然看起来缺少了一些特点，也正是由于这样，它适用于任何国家、文化、环境，应用极广。尽管它诞生于金属活字时代末期，但却并没有湮没于印刷工业技术革命，它不但在 19 世纪 60 年代中期的照相排版革命中生存下来，甚至跨越到了电子时代，至今还在改进使用中。德国汉莎国际航空公司、奢侈品牌芬迪都采用 Helvetica 字体作为品牌标准字，这种字体甚至成为许多国家和跨国公司的官方和内部公文字体。作为他山之石，Helvetica 提示我们，正文采用无特点的字体往往比较耐看和易识别。

图 4-30　屏宋体的各种应用

近年来有一股风潮，部分人呼吁一定要恢复繁体字，还批判简体字丑陋，倡导用繁体字排版。笔者认为这种呼吁实在是没有必要，首先文字在传播过程中以方便传承为主要功能，如果一味追求审美难免有些本末倒置。其次在易识别这一点上，简体字肯定是有优势的，当下人们的审美日趋简约，甚至还可以继续简化字体。张红在《汉字信息密度和汉字艺术字体设计的减省》中提出了汉字笔画存在多余度空间，经实验表明不同简体字省略 10%～60% 的笔画仍能被识别。基于这种理论设计的简约字体，符合现代人的审美且具备显著的快速识别阅读功能，可以作为书籍正文字体使用。判断一款字体是否适合作为正文字体使用，只有把它们连成篇幅来审视，正文字体的间距更合理，整体更统一，远看像一块灰色的布使视觉更自然地串联。

图 4-31　Helvetica 字体

4.2.2　文字的表情

　　唐代著名书法家颜真卿的颜体刚劲坚实，却被李后主嘲笑其"形"酷似叉腰在田间干活的农妇。一代国主养尊处优又怎能体会武将书法中的"表情"。在书籍中文字可以代替图片传情达意，设计师通过对文字的"表情"来诠释作品。以应用广泛的方正最新字体为例，圆角的品尚黑体代表亲切、正黑代表传统霸气、尚酷代表动感（见图4-32）。此外还有精致的兰亭细黑体（见图4-33）、时尚的古朴的颜宋体（见图4-34）、稚气的雅珠体（见图4-35）、时尚的方正风雅宋（见图4-36）、标题宋（见图4-37）等。所以，文字的表情指文字通过字形、笔画或间架结构与观者产生的共识共情作用。图4-38和图4-39所示为更多文字表情。

图 4-32　方正字体

图 4-33　兰亭细黑体

图 4-34　颜宋体

图 4-35　雅珠体

图 4-36　风雅宋体

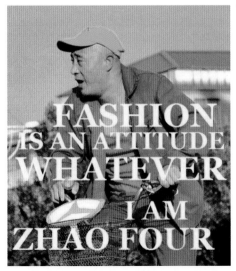

图 4-37　标题宋体

图 4-38　不同表情的字体设计（1） 　　　　　图 4-39　不同表情的字体设计（2）

　　如图 4-40 所示，文字似是一幅山水画，蜿蜒曲折，道出了诗中韵味。如图 4-41 所示，"不哭"两字字形的设计如标题般，表现出倔强和强忍的泪水。如图 4-42 所示，"原爆"两字原生粗壮，带有线稿的痕迹，显示出现代艺术的原创特征，配合辅助图形断裂的画框更突出了爆破的意味。如图 4-43 所示，"戏墨·墨戏"采用水墨晕染字体的效果表现主题，英文的字体也表现出游戏水墨之间，深浅变幻、高深莫测之意。图 4-44 所示"钓鱼台其实冬天最好看"，采用手刻繁体字加油印效果，成功传达了怀旧的情绪和年代感。如图 4-45 所示，字体的笔画带出皮影人物的特征，皮影题材的字体用皮影的形式最贴切不过。

图 4-40　文字如画

图 4-41　不哭

图 4-42　原爆

有时候文字可以组成图形，如图4-46所示，左侧文字形成的直斜线与右侧图片中的曲线形成强烈的对比反差。如图4-47所示，文字被彩色线条填充肌理纹样，文字本身也是图形。如图4-48所示，象形文字被随意地排列组合，形成具有文化意味的神秘图腾。图4-49和图4-50所示为字体编排组成特定的图形。所以文字是有表情的，版式编排要在把握内容的基础上以文字传达感情。这样的设计是没有痕迹的，体现在文字里面，文字自身就代表了设计。

图4-43　戏墨·墨戏

图4-44　钓鱼台其实冬天最好看

图4-45　皮影字体

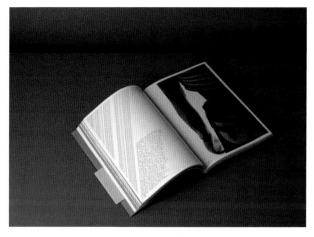

图4-46　组成斜线的文字

图4-47　填充肌理的文字

图4-48　象形文字

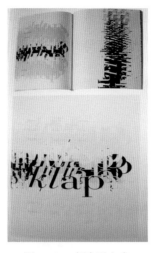
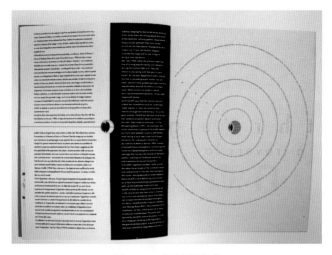

图 4-49　声波形文字　　　　　　　　　　　　　图 4-50　年轮形文字

4.2.3　字号、字体

色彩在一定的关系条件下会显得美，字号大小也是。字号的变幻给我们展示了纯文字排版的多样性。如图 4-51 所示，版式中没有一张图片，仅靠字号、字体、分栏和小色块就诠释出了丰富的视觉效果。

在同一版式中不同字体之间的搭配是有讲究的，标题的字通常会选粗一些的字体，常规字适合大篇幅日常阅读，低于 5 磅的字体，笔画需要变细才能够被清晰识别。所以为达到和谐的视觉效果，最安全的做法是用同一款字体的家族系列字或具有相同特征字形的字体进行版式编排，就像同色系的穿搭不易出错一样（见图 4-52）。不少好的字体设计非常成熟，有的字体带有常规、加粗、变细等状态，适应不同需要。不同字体、字号的段落连成片，会呈现黑白灰的关系，这时需要设计师就像画素描一样，通过字体、字号来调整版面上的黑白灰关系。

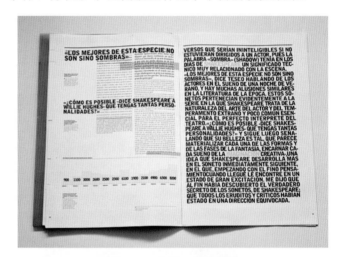

图 4-51　字号、字体编排

图 4-52　同系列字体搭配

4.3 插图与网格设计

4.3.1 插图

组成版式的成员中除文字外还有图片，完美的版式通过文与图在空间里的安排、节奏的处理、层次的定位能够呈现信息流动的轨迹，是形式美与阅读功能的融合。插图，顾名思义就是插入的图像。书籍的插图首先风格要与文字内容相呼应，一方面必须考虑到受众群的接受程度和审美意趣，另一方面必须考虑到书的视觉流程，把握书籍内页的节奏感。

插图的作用重大，有助于体现书的形式美，增加读者阅读兴趣的同时，再现文字语言表达不足的视觉形象，来帮助读者对书籍内容进行理解。插图的编排依靠读者与书籍之间建立的心理线索，通常以引子、序曲、展开、高潮、尾声作相应的带入，还应注意到阅读流向中的文字与插图之间的节拍，考虑什么时候阅读、什么时候休息、什么时候看插画。

插图的来源有很多，有些书稿会约图，即请插画师或摄影师按内容设计、创作插图，许多付费网站也可以提供插图，当然还可以自己创作插图。创作插图时要把握好以下几点。

（1）创作来源于作者对生活的个性感受。

（2）插图的创作依据于书稿所赋予的文学形象，要求插画师、设计者进入书中的生活里，找到既表现书籍精神特征又适合于绘画表达的切入口。

（3）插图在表现风格上和装帧语言一样，应求得与文字内容协调一致。

插图形式主要可以分为常规插图、非常规插图、绘本插图。其中，常规插图是指中规中矩排列的插图，一个页面上有规律地安排单数或双数插图，他们之间的距离或与文字的距离都遵循一定的规则，页面清晰、易读，多用于画册、摄影集、科普教材、小说等。非常规插图的形式丰富，有时候可以根据内容需要将完整的图片拆分开，如图4-53所示，甚至可以采用非印刷手段来粘贴插图；如图4-54和图4-55所示，图片在没有了边界后可以和任何图形文案结合，融入背景；如图4-56所示，一张插图以其他插图作为边框，相互融合得天衣无缝；如图4-57所示，此页既像插入了图片又像插入了文字。绘本插图以突出插图为主要目的，文字只起到辅助认知的作用。值得注意的是，成人绘本中的文字通常较小，儿童绘本中的文字比较大，有时还需要附拼音。图4-58～图4-65所示为各类绘本的插图设计案例。

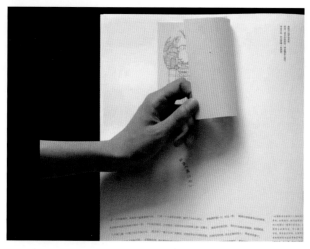

图 4-53 非常规插图（1）

图 4-54 非常规插图（2）

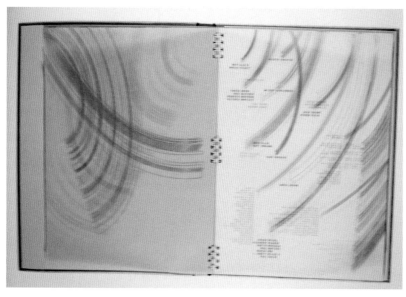

图 4-55 非常规插图（3）

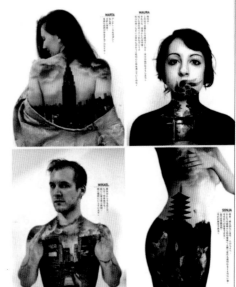

图 4-56 非常规插图（4）

图 4-57 非常规插图（5）

图 4-58 绘本插图（1）

图 4-59　绘本插图（2）

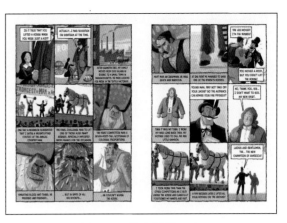

图 4-60　绘本插图（3）

图 4-61　绘本插图（4）

图 4-62　绘本插图（5）

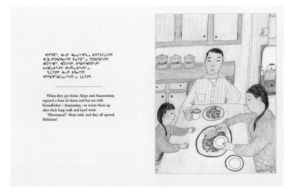

图 4-63　绘本插图（6）

图 4-64　绘本插图（7）

图 4-65　绘本插图（8）

更多国外绘本插图

4.3.2 网格设计

在风格迥异的页面编排设计中，有一种比较严谨理性的设计方法即网格设计。网格设计的具体做法是先把版面划分为许多统一尺寸的网格，再将其分为一栏、二栏、三栏以及更多的栏，把文字与图片安排于其中，使版面产生一定的节奏、韵律的变化。网格设计在实际运用中具有科学性，但同时也要避免产生呆板的负面影响。书的版式编排中元素的对称与非对称、两边对齐、齐左或齐右，所有这些都需要符合形式美法则的对立统一原则。人们发现按 0.6180339887 黄金分割设置的图形看起来特别舒服，这不是随意设定的尺寸而是通过计算得出的结论。应用对称式的页面设计（见图 4-66），其左页相当于右页的复制，它们之间产生了相同的内页边距和外页边距。外页边距由于要写旁注的原因所以比内页边距要大一些，这是由德国字体设计师设计的经典版式，它是基于 2：3 的纸张尺寸比例上建立得来的。此页面简洁，文字段落安排与空间的关系十分和谐，更重要的是——它是依靠比例而非测量来创建的。同理，在理性的框架下版式设计也可以遵循一定的原则，网格设计就是在计算和比例的基础上得出的美学规律。

下面将介绍一种基于分栏的网格设计应用。在对称网格设计的基础上，单栏式的文字编排显得不易阅读（见图 4-67），如果一行文字太长了，就容易造成视觉疲劳，从而不能定位下一行字。一般情况下，每行文字不宜超过 36 个字。如果分成两栏，就是每一页平均分成两栏（见图 4-68），情况就好得多了；如果把每一页分成五栏，再按 1：4 的比例分为两个灰色区域（见图 4-69），版式便显得活泼多了；如果把每页分成七栏，比例设成 1：3：3，再插入图片，图片位置为联合六栏的空间，那么这个占一栏的接近页边距的窄栏可以用作注释（见图 4-70）。

如图 4-71 所示，网格由一系列空白方形空间的单元格为基础组成，这样的网格具有很大的灵活性，可以编排文字以及不同尺寸的图片。此外，尽管单元格与单元格之间可能被联合，但每个单元格四周的间距空间相等。

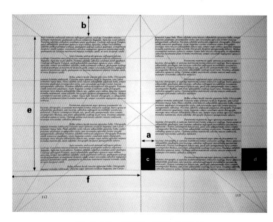

图 4-66　对称式版式设计

图 4-67　单栏式对称

图 4-68　双栏式对称

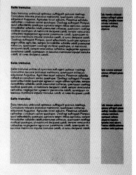

图 4-69　1：4 两栏网格

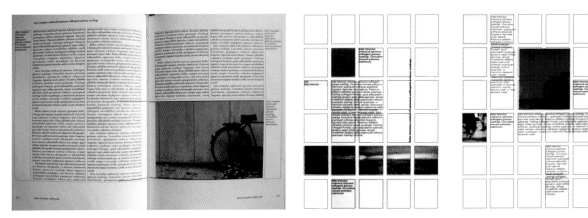

<table>
<tr><td>图 4-70　1 : 3 : 3 三栏网格</td><td>图 4-71　单元格网格</td></tr>
</table>

　　当我们把以栏为基础或者以单元格为基础的网格作为一种标尺时，设计师可以同时应用两种网格来处理文字和图片。网格经过不同的变化分割，可以做出多种不同的版式设计，使设计的风格保持统一，但又不乏变化。因此，网格为编排创造了诸多可能，它可以指导文字或图片的编排，而不是限制它们。图 4-72～图 4-75 所示为单元格网格设计的诸多用法。

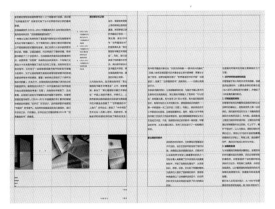

图 4-72　单元格网格设计（1）

图 4-73　单元格网格设计（2）

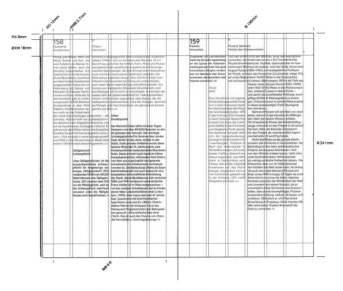

图 4-74　单元格网格设计（3）

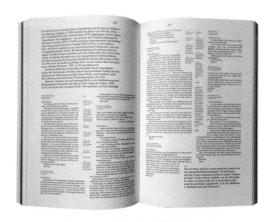

图 4-75　单元格网格设计（4）

　　《冲浪》杂志原本的 Logo 设计平淡无奇，但是采用网格法设计后获得成功，《冲浪》干脆连同封面、目录、内页都将网格设计进行到底，这种理性、干净的风格很受读者欢迎。图 4-76～图 4-80 所示为《冲浪》的网格设计效果。

图 4-76　网格法设计的 Logo 与封面

图 4-77　网格法设计目录

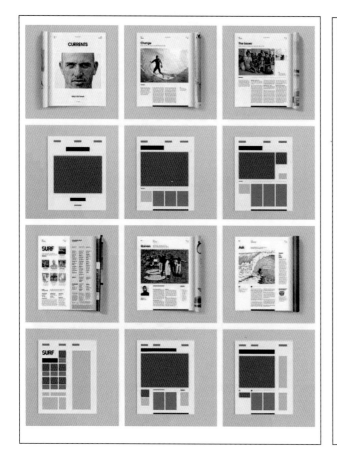

图 4-78　网格示意图（1）

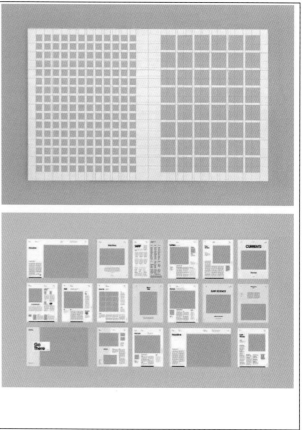

图 4-79　网格示意图（2）

图 4-80　《冲浪》网格设计欣赏

4.3.3　排版小知识

在近年来的教学实践过程中，不难发现学生在内页的排版上总是出现这样或那样的问题，虽不严重但也显得不够专业，因此，借此书将常见的排版小知识总结如下。

（1）页码的设定：书中奇数页码永远在右手边，对应的偶数页码在左手边，通常从正文开始算页码。章节目录、章末的空白页等有时不标记页码，但并不是不算页码。

（2）字号大小：正文字体尽量不要小于 5.5 磅，大多数字体小于 5.5 磅就比较难识别了。儿童看的书要字大行疏，学龄前儿童读物要带拼音。

（3）标点运用：在段落中转行时，应注意标点符号避头尾，破折号"——"、省略号"……"、数字和数字前后附加的符号如"5%""5℃"等，不能从中间断开，排在行末和行首。中文序号后习惯用顿号，如"一、"，阿拉伯数字后习惯用点号，如"5."，不要混淆。外国人姓名译名中应加中圆点，如"詹妮佛·阿·左尔格"，符号在中间。英文姓名点号应居下方，如"J.A.Sorge"。中文省略号用六个点"……"，在外文和公式中则用三个点"…"来表示。

4.4 欣赏——中英文编排之美

不少学生在中英文排版这方面有些误解，喜欢拿英文排版，好像中文排版很难看似的。同样是优美的文字，英文字母在构字形式上与汉字不同，是字母形式的"表音"，字母是单词发音的中介，字形又比较统一有序，衬线也极具造型美感；而汉字是在象形的基础上蕴含着丰富的含意，造型也具有厚重感。一个是曲线居多，一个是直线居多，应用起来都极具美感。下面一起来欣赏中英文编排之美，如图4-81～图4-90所示。

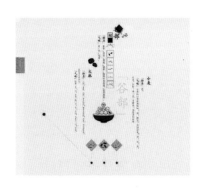

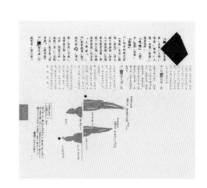
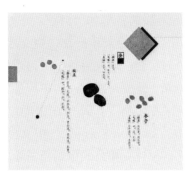
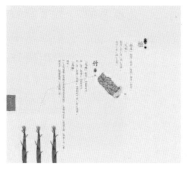
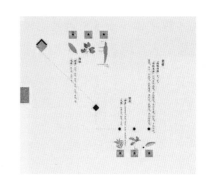

图4-81　同仁堂药材介绍

图 4-82　装饰繁复的欧洲古典书籍

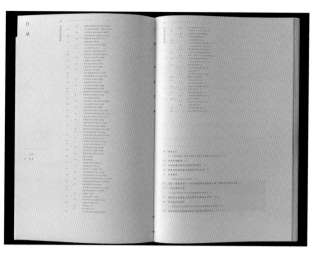

图 4-83　《锦衣罗裙》目录

图 4-84　《锦衣罗裙》内页（1）

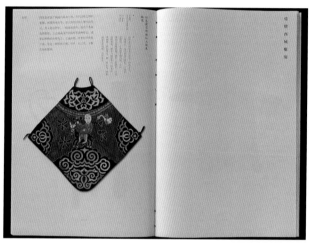

图 4-85　《锦衣罗裙》内页（2）

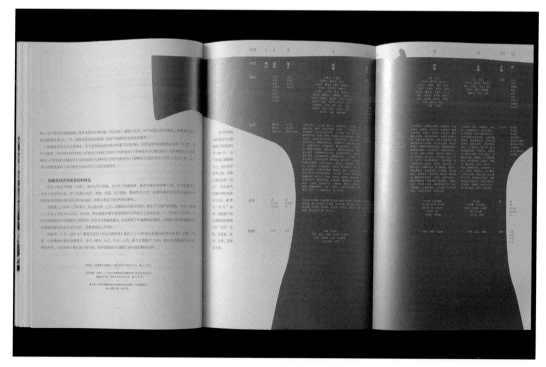

图 4-86　《锦衣罗裙》内页（3）

75

图 4-87　同仁堂包装

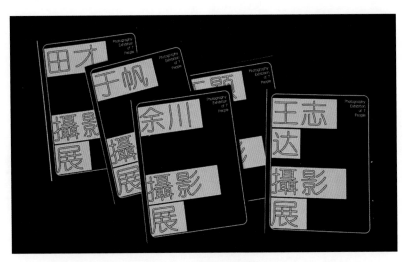

图 4-88　摄影书籍封面

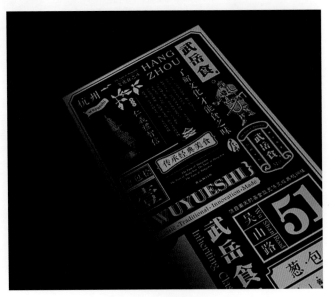

图 4-89　旅游指南手册

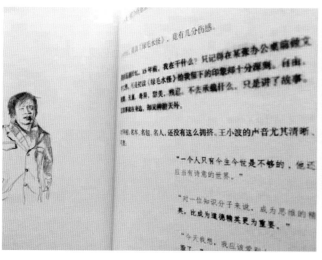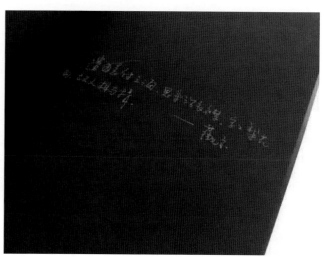

图 4-90 　《遗忘海》内页

第 5 章　书之装帧与推广

中外书籍装帧的历史演进

现代书籍装帧形式的创新

装帧材料、印刷与特种工艺

印前十问十答

书籍推广

书籍装帧在世界范围内曾创造过非常辉煌的历史，起初书籍是只属于少数贵族阶级的私有财产，装帧华美名贵像艺术品。随着印刷术的发明，书籍开始向大众普及，但它仍继承了古典书籍高贵的基因。若想系统地了解书籍装帧形态，让我们分别从中外书籍装帧的历史演进谈起，同时也可以揭开书籍的发展史。

5.1 中外书籍装帧的历史演进

中国书籍装帧的起源距今已有三千多年的历史，在此期间逐步形成了古朴、简洁、典雅、实用的东方风格和形式，书的载体也经历了由甲骨、玉版、竹简、木牍、缣帛、纸的发展过程。下面将以中国书籍装帧的历史演进为主要脉络，兼顾对比同时期外国图书的装帧大事记。

1. 甲骨

考古学家在河南殷墟发现了大量刻有文字的龟甲和兽骨，所刻文字纵向成列，每列字数不一，皆随甲骨形状而定。由于甲骨文字形尚未规范化，字的笔画繁简悬殊，刻字大小不一，所以横向难以成行，这就是迄今为止我国发现最早的作为文字载体的材质（见图5-1）。

2. 玉版

《韩非子》中有记载"周有玉版"，据考证周代已经使用玉版这种高档的材质记载文字了，由于其材质名贵，多为上流贵族社会使用。图5-2所示为晋代的《侯马盟书》，是在山西侯马晋国遗址中出土的晋代玉书，共有5000多片。殷墟发掘时发现有《玉版甲子表残片》，是商朝文物，比《侯马盟书》的春秋晋国还要早得多。

图 5-1　河南殷墟出土的甲骨

图 5-2　晋代《侯马盟书》

3. 竹简、木牍、缣帛

简策始于周，把竹子加工成统一规格的竹片，再放置火上烘烤蒸发竹片中的水分，防止日后虫蛀和变形。在竹片上书写文字，再以革绳相连成册，称为"简策"，也称"竹简"（见图5-3）。这种装帧方法成为早期比较完整的书籍装帧形态，且已经具备了现代书籍装帧的基本形式。另外还有木牍，制作方式方法同竹简。牍是指用于书写文字的木片，与竹简不同，木牍（见图5-4）以片为单位，多用于书信。缣帛（见图5-5），是丝织品的统称，与今天的书画用绢大致相同。在先秦文献中多次提到了用缣帛作为书写材料的记载，《墨子》中提到"书于竹帛"，《字诂》中说"古之素帛，以书长短随事裁绢"。可见缣帛质轻，易折叠，书写方便，尺寸长短可根据文字的多少，裁成一段，卷成一束，称为"一卷"。缣帛作为书写材料，与简牍同期使用，自简牍和缣帛作为书写材料起，这种形式被书史学家认为是真正意义上的书籍。

4. 纸

《后汉书·蔡伦传》中记载："自古书契多编以竹简，其用缣帛者谓之为纸。缣贵而简重，并不便于人。伦乃造意，用树肤、麻头及敝布、鱼网以为纸。元兴元年奏上之。帝善其能，自是莫不从用焉，故天下咸称'蔡侯纸'。"古人认为造纸术是东汉蔡伦所造，其实在他之前，中国已经发明了造纸技术，他改进并提高了造纸工艺。到魏晋时期，造纸技术、用材、工艺等进一步发展，几乎接近了近代的机制纸了。到东晋末年，已经有以纸取代简缣作为书写用品的正式规定。

汉代纸的发明确定了书籍的材质，隋末唐初印刷术的发明促成了书籍的成型。印刷术替代了繁重的手工抄写方式，缩短了书籍的成书周期，大大提高了书籍的品质和数量。在这种背景下，装帧的概念正式出现，形态也几经演进。中国古代书籍装帧先后出现过卷轴装、经折装、旋风装、蝴蝶装、包背装、线装，直到现代的简装和精装。

（1）卷轴装

欧阳修在《归田录》中记述："唐人藏书，皆作卷轴"，可见在唐代以前，纸本书的最初装帧形式仍是沿袭帛书的卷轴装。卷轴装（见图5-6）的轴通常是一根有漆的细木棒，也有的采用珍贵的材料，如象牙、紫檀、玉、珊瑚等。卷的左端卷入轴内，右端在卷外，前面装裱有一段纸或丝绸，叫作镖。镖头再系上丝带，用来缚扎固定。卷轴装的书籍形式，使文字与版式更加规范化，行列有序。与简策相比，卷轴装舒展自如，可以根据文字的多少裁取，更加方便，一纸写完可以加纸续写，也可把几张纸黏在一起，称为一卷。后来人们把一篇完整的文稿称作一卷也是由此得来。卷轴装形式发展至今在中国书画装裱中仍常被使用。

图5-3 简策

图5-4 木牍

图5-5 缣帛

（2）经折装

经折装是在卷轴装的形式上改造而来的。随着社会发展和人们对阅读书籍的需求增多，卷轴装的许多弊端逐步暴露出来，例如看卷轴装书籍的中后部分时也要从头打开，看完后还要再卷起，十分麻烦。经折装的出现大大方便了阅读，也便于取放。经折装的具体做法是将一幅长卷沿着文字版面的间隔中间，一反一正的折叠起来，形成长方形的一叠，在首末两页上分别粘贴硬纸板或木板（见图5-7和图5-8）。它的装帧形式与卷轴装已经有很大的区别，形状和现代的书籍非常相似。

（3）旋风装

唐代中叶的旋风装也叫龙鳞装，是在卷轴装的基础上加以改造而成的。经折装的出现虽然改善了卷轴装的不便因素，但是如果长期翻阅也会使折口损坏，导致书籍难以长久使用保存。所以人们想出把写好的纸页按照先后顺序依次粘贴在卷轴纸上，类似房顶贴瓦片的样子（见图5-9和图5-10），当风吹来时书页像旋风翻动，故而得名。这样翻阅每一页都很方便，它的外部形式跟卷轴装区别不大，仍需要卷起来存放。

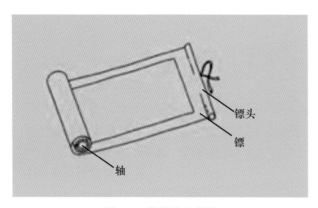

图 5-6　卷轴装示意图

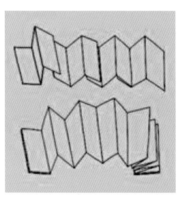

图 5-7　经折装示意图

图 5-8　经折装古籍

图 5-9　旋风装示意图

图 5-10　旋风装古籍

（4）蝴蝶装

后唐五代时期雕版印刷已经趋于盛行，而且印刷的数量相当大，以往的书籍装帧形式已难以适应飞速发展的印刷业，于是经反复实践人们发明了蝴蝶装的形式。蝴蝶装就是将印有文字的纸面朝里对折，再以中缝为准，把所有页码对齐，用糨糊粘贴在另一包背纸上，最后裁齐成书（见图5-11）。蝴蝶装的书籍翻阅起来就像蝴蝶飞舞的翅膀，故称"蝴蝶装"。我国古典图书版式中的边栏、书耳、版心、鱼尾、象鼻、天头、地脚等元素都是在蝴蝶装时期中形成的。

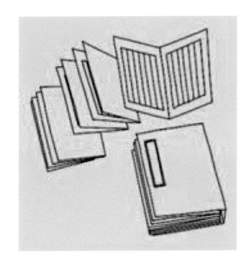

图5-11　蝴蝶装示意图

（5）包背装

蝴蝶装的优势很明显，但也有不足，因为文字面朝内，每翻阅两页的同时必须翻动两页空白页。张铿夫在《中国书装源流》中说："盖以蝴蝶装式虽美，而缀页如线，若翻动太多终有脱落之虞。包背装则贯穿成册，牢固多矣。"因此到了元代，包背装取代了蝴蝶装。包背装与蝴蝶装的主要区别是对折页的文字面朝外，两页版心的折口在书口处，所有折好的书页叠在一起，戳齐用纸捻穿起来，再用一张稍大于书页的纸贴书背，从封面包到书脊和封底，最后裁齐余边（见图5-12和图5-13）。包背装除了文字页是单面印刷，且每两页书口处相连以外，其他特征均与今天的书籍相似，它标志着古代书籍装帧形式日趋向现代化演进。

（6）线装

明代中期出现的线装是中国古代书籍装帧的最后一种形式。它与包背装内页的装帧方法一样，区别之处在护封，由两张纸分别贴在封面和封底上，书脊、锁线外露（见图5-14）。锁线分为四、六、八针订法，如遇需特别保护的珍善本，就在书籍的书脊两角处包上绫锦，称为"包角"。线装是中国印本书的基本形式，也是古代书籍装帧技术发展的最高阶段。线装书盛行于明清时期，年代较近，故而流传至今的古籍善本颇多（见图5-15）。

图5-12　包背装示意图

图5-13　包背装古籍

图5-14　线装示意图

图 5-15 线装书古籍

（7）简装

简装也称平装，是铅字印刷以来近现代书籍普遍采用的一种装帧形式，分为锁线胶订、无线胶订、平订、骑马订（见图 5-16）。其中骑马订和螺旋订是西式装订方式（见图 5-17）。简装书的锁线胶订是指内页纸张双面印，大纸折页后把每个印张于书脊处戳齐，骑马锁线再用胶固定，装上护封后三边裁齐便可成书。由于锁线比较烦琐，成本较高，但牢固适合较厚或重要书籍，如词典。现在大多简装书采用先裁齐书脊然后上胶，不锁线的方法，这种方法叫无线胶订，它经济快捷，却不很牢固，适合较薄的书或普通书籍。在 18 世纪二三十年代到五六十年代间，很多书籍都是用铁丝双钉的形式，把内页和封面折在一起，直接在书脊折口处穿钢丝，也就是骑马订和平订，它们比较适合薄一些的册子。如果你希望一本书打开时能够完全摊开平放，那么骑马订和螺旋订这两种方式无疑是最佳选择。

锁线胶订

无线胶订

骑马订

平订

图 5-16 简装书装订形式

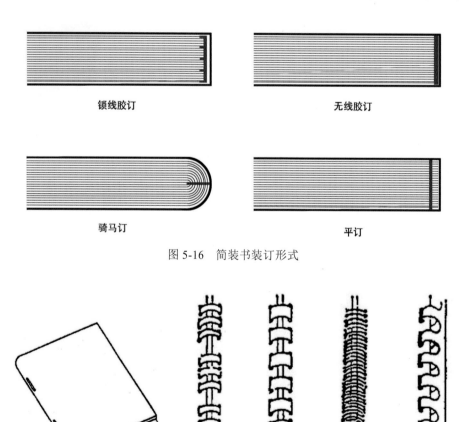

（a）　　　（b）　　　（c）　　　（d）

图 5-17 西式装订形式

（8）精装

精装书在清代已经出现，是西式的方法，西方的许多书籍，像《圣经》《法典》等多为精装。清光绪二十年，美华书局出版的《新约全书》（见图5-18）就是精装书，其封面非常华丽，印有花纹镶金字。精装书最大的优点是护封坚固，起到保护内页的作用。精装书的内页与平装一样，多为锁线订，封面与书脊间还要压槽、起脊，以便打开封面。精装书印制精美，不易折损，便于长久使用和保存，所以设计要求高，选材和工艺技术也较复杂，值得我们研究至今。

图5-18　《新约全书》

西方最早于公元前2500年前后，古埃及人把文字刻在石碑上，称为石碑文，这也是书籍产生的萌芽。古巴比伦人把文字刻在黏土制作的版上，再把黏土版烧制成书。公元前500年左右，印度佛教的诞生使特有的装订形式贝叶经（见图5-19）出现。贝叶经即写在贝树叶子上的经文，可保存数百年之久。在古代印度佛经是用椰树叶制作而成的，即把树叶压平，制成一定的规则，用线订起来，最后镀金或加以其他装饰。公元前3世纪的罗马时期，蜡板书出现，这也是现代书籍的雏形。蜡板书多用作通信或记事，罗马人用金属的笔尖在蜡上写字，反端钝头则用来涂改字迹。公元前300—100年间，建于埃及的亚历山大图书馆和土耳其的佩加蒙图书馆算是世界上最古老的图书馆，当时书籍装帧形式多见于贵金属镶嵌宝石、象牙雕刻等，其价值不可估计（见图5-20）。后来陆续出现了木质、羊皮等更便捷的装帧材料。公元1世纪，羊皮纸折叠装起来的书逐渐取代了笨重的蜡板书，这标志着西方书籍装帧的重大变革。

公元2世纪，埃及的修道院中出现了书籍装订技术，做法是将羊皮纸缝在一起，再将其放在起保护作用的皮革面木板中捆起来。公元3世纪，册籍形式的书籍在欧洲大陆得到普及。7世纪中叶的《古兰经》不仅是一部宗教经典，它的字体设计、装帧形式以及装饰图案风格代表了当时阿拉伯文化书籍设计的最高水平。

1150年，西班牙人从阿拉伯人那里获得了中国的造纸技术后，建立了欧洲第一家造纸作坊。1440年，约翰·古登堡发明了铅活字印刷术。1449年，古登堡在故乡美因茨设立了一家印刷厂，这是世界书籍历史上的一个重要转折点。1454年，由古登堡印制的42行本《圣经》是第一本因其每页的行数而得名的印刷书籍，现仅存48本，堪称是活版印刷的里程碑。此时金箔代替了贵金属，皮材质成为了装帧的主要材料。书籍也从少数人的私藏宝物转变成为公共艺术的载体。进入工业时代，书籍走向了商业化生产，从而真正走向了大众。清代精装书的装帧方式传入我国，以上提到，这里就不再赘述。

图5-19　印度贝叶经

图5-20　弥撒用读本

5.2 现代书籍装帧形式的创新

如今在高科技的影响下，各种新型装帧技术工艺和高科技材料，为探索新型书籍装帧模式提供了良好的契机。在此期间，涌现出大批结合中国传统文化又具有时代前瞻性的创新装帧形式。

1. 传统元素的创新

在设计创作的时候，传统元素是很难直接用的，例如古代图案的像素很低，或色彩杂质太多，都不能直接用，只可以把那种浓郁的传统气息运用在现代设计中。中国传统装帧形式能很好地体现传统精神气韵，如图5-21所示，药膳馆的菜单被设计成卷轴装，起到很好的连续展示功能；图5-22所示为陈幼坚设计的《陈经》，装帧虽然采用了传统的卷轴装，但是尺寸却很"迷你"，函套是新型材料一次成型，整体是充满现代造型的"胶囊"；图5-23和图5-24所示为亚克力材质的卷轴装，可以使书像卷尺一样卷入函套；图5-25所示为旋风装的企业VI手册；图5-26所示为包背装的现代画册；图5-27所示为基于经折装并带有立体结构的书；图5-28所示为带有书脊的经折装。

现代书籍装帧设计者依然偏爱线装，那么一根线能变出哪些花样？图5-29～图5-40所示为线装工艺在设计者手中展现出的多种姿态。

线在装帧中
的应用案例

图5-21　菜单设计

图5-22　《陈经》

图 5-23　亚克力卷轴（1）

图 5-24　亚克力卷轴（2）

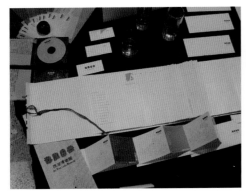
图 5-25　企业 VI 手册

图 5-26　包背装

图 5-27　经折装的立体书

图 5-28　带书脊的经折装

图 5-29　异形订线

图 5-30　双层订线

<table>
<tr><td>图 5-31　订细线、包角</td><td>图 5-32　打扎锁线订（1）</td></tr>
</table>

图 5-31　订细线、包角　　　　　　　　　图 5-32　打扎锁线订（1）

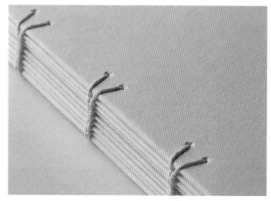

图 5-33　打扎锁线订（2）　　　　　　　　图 5-34　缝纫订（1）

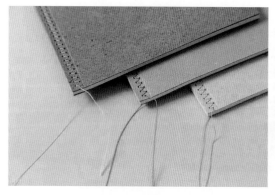

图 5-35　缝纫订（2）　　　　　　　　　　图 5-36　骑马锁线（1）

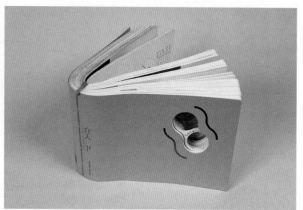

图 5-37　骑马锁线（2）　　　　　　　　　图 5-38　骑马锁线（3）

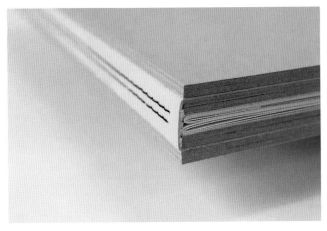

图 5-39　胶线装 图 5-40　花式线装

2．内页的创意

有的设计师喜欢在内页尺寸上做文章，如图5-41～图5-43所示，《姑苏繁华录》由刘晓翔设计，"M"折之后的小尺寸包背折正好使书的厚度找平，"M"折进的部分成为此书一个隐藏的区域，文字被设计编排在这里，也刚好为不想被文字打扰的读者提供了"沉浸式阅读"。图5-44所示为书籍渐进的页宽，这样的设计使读者在没打开书之前就接收到书的内容和导航信息；图5-45所示为大开本折叠成为小开本，这样做是为了便于携带和收纳的同时又增加了书籍的信息容量；如图5-46所示，将海报折进书籍，也是一种增添内容附加值的做法。

内页的创意

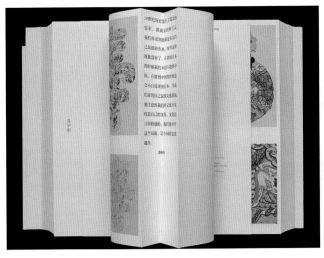

图 5-41　《姑苏繁华录》（1） 图 5-42　《姑苏繁华录》（2）

图 5-43　《姑苏繁华录》（3） 图 5-44　渐进的页宽

图 5-45　多开本内页　　　　　　　图 5-46　海报内页

3．异形书装帧

异形书指书籍脱离了原本的形状，呈现出令人惊喜的多元化特异形态。如图 5-47 所示，三本书共用两个封底，设计者将经折装元素融入现代精装中，集功能性和创新性于一体；如图 5-48 所示，书的内页部分呈现阶梯状，也使得书的封面、封底面内侧要与其找平；如图 5-49 所示，书脊的中间部分凹陷，整体书形呈锁状，与书名呼应；如图 5-50 所示为《融》，此书呈现整体旋转 30°的一摞纸的状态。

4．装订工艺

裸脊装最大的好处就是锁线可以使书平摊开而不必担心掉页。裸脊书一般带有护封，不然有半成品的感觉。不过不少读者买过此类书，最后干脆"裸奔"。设计师想了许多方法平衡裸脊与装饰之间的矛盾，如图 5-51 所示，在裸脊之上印刷；如图 5-52 所示，用印刷形成的肌理装饰。现代书除了常见的胶装、线装、胶线装、裸脊装，还有皮筋装订（见图 5-53 和图 5-54）、五金夹装订（见图 5-55）。这些装订方式可以随时取下内页，形式比较灵活、但是不适用于厚书。

图 5-47　异形书（1）

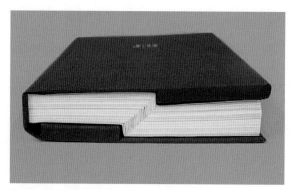

图 5-48　异形书（2）

图 5-49　异形书（3）

图 5-50　异形书（4）

5. 切口创意

书的切口设计是从大师杉浦康平设计的《全宇宙志》开始引人关注的。书籍设计师通过切毛边、打口、喷色边、喷金边、雕刻等现代工艺手段，赋予了切口新的含义，如图 5-56 ～图 5-59 所示。

图 5-51　裸脊装（1）

图 5-52　裸脊装（2）

图 5-53　皮筋装订（1）

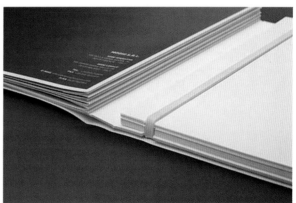

图 5-54　皮筋装订（2）

图 5-55　五金夹装订

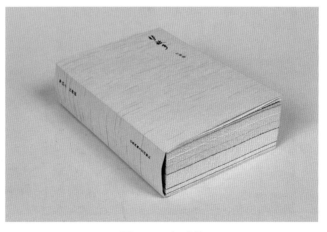

图 5-56　切毛边

6. 手工装帧

手工书的历史悠久，可追溯到公元前世界书籍起源伊始。手工书虽然价格较高，但一直活跃于小众收藏市场。新技术材料的发明使手工书焕发了勃勃生机，不同肌理、触感的像工艺品一样精致的手工书被赋予了无与伦比的内涵，如图5-60～图5-62所示。

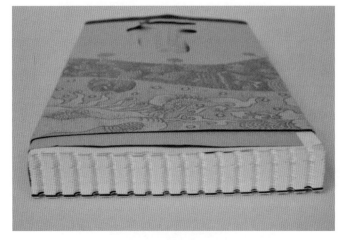

图 5-57　切毛边打口

图 5-58　喷色边

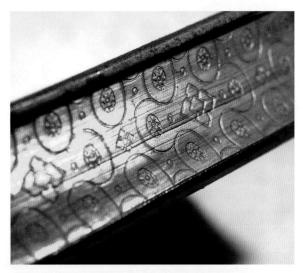

图 5-59　喷金边雕刻

图 5-60　手工书封面（1）

图 5-61　手工书封面（2）

图 5-62　手工书封面（3）

5.3 装帧材料、印刷与特种工艺

毫不夸张地讲，材料能改变世界和人们的生活，混凝土、钢铁和玻璃改变了世界，塑料改变了人们的生活。材料和技术同样影响着书籍装帧设计，能体现书籍个性特点的，除编排设计外，还要靠装帧材料和特种工艺的后期加工效果。

1. 装帧材料

构成书的首要材料就是纸张，特种纸印刷品具有浓重、华贵、精良的特点，普通纸则更适合进行大规模机器印刷，且成本较低。如果了解纸张性能和价格就能合理地控制成本从而可以进行设计。

（1）普通纸张中胶版纸重约 60～180g，大度、正度均有，属于中档印刷纸。这种纸的质地紧密、纸面平滑，不透明度和白度较高，抗水性较强，适用于平版印刷，主要用于印刷书刊和封面、杂志插页画报、商标及地图等。

（2）铜版纸又名涂料纸，是在原纸表面涂一层白色涂料再进行压光，形成高级印刷纸张。其原纸为胶版纸、凸版纸等非涂料纸。铜版纸的表面平滑度高、色泽洁白、抗水性强、重约 70～400g。按涂层分为双铜和单铜，按光泽度分为有光铜、无光铜和亚粉纸，其中亚粉纸属于无光铜的一种，在印刷中应用广泛。无光铜版纸的光泽度低，给人典雅的感觉。没有高光的刺激，眼睛不会感到疲劳，适合长久的阅读，也适合印刷具有观赏价值的画册、书法、图片比较多的图书。

（3）特种纸是具有某些特殊功能，适合特殊用途的纸张，通常用于书籍环衬、精装书封面和纸盒的裱糊等。特种纸的制作工艺有的是向纸浆中添加化学试剂后经过处理制成，有的是对原纸进行二次加工制成。特种纸有条纹或花纹，有的纸光滑度很高，有的透明性很好，有的表面呈絮状。图 5-63 ～图 5-72 所示为克重在 100 ～ 250g 的常用特种纸。

图 5-63　特种纸（1）

图 5-64　特种纸（2）

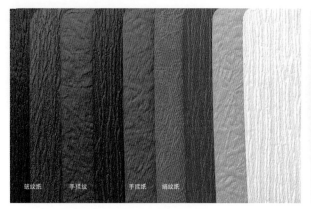

皱纹纸　　手揉纹　　手揉纸　绸纹纸

图 5-65　特种纸（3）

麦穗纹　岩纹纸　　　　　　　维尔纹　手揉纹

图 5-66　特种纸（4）

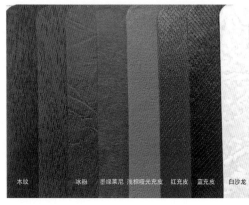

木纹　　　冰粉　墨绿莱尼 浅棕哑光充皮 红充皮　蓝充皮 白沙龙

图 5-67　特种纸（5）

哑金卡水波纹　　　亮金卡玫瑰纹
哑金卡莱尼纹　亮金卡莉叶纹　亮金卡星纹 亮银卡星纹 亮银卡玫瑰 亮银卡莉叶 亮银卡莱尼纹

图 5-68　特种纸（6）

岩纹纸

图 5-69　特种纸（8）

罗卡亚纹

图 5-70　特种纸（8）

更多特种纸
案例

维尔纹　　　　　　　　　　　　手揉纹　陶纹

图 5-71　特种纸（9）

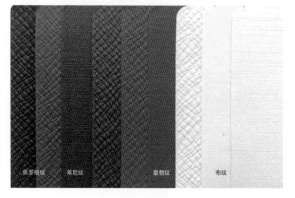

佩罗格纹　莱尼纹　　　　皇朝纹　　　布纹

图 5-72　特种纸（10）

◆　装帧创意与设计

硫酸纸是一种半透明的可印刷纸（见图5-73），可以透叠出后面的影像给人以朦胧的美感，大多用于扉页、章节目录，但是其延展性差，易破碎。

图5-74和图5-75所示是一种变色压烫纸，又称热烙纸，可以用于封面，表现出一种皮的质感。

除此之外，还有植物纤维和布制成的艺术性手工特种纸、特种布，如图5-76～图5-79所示。

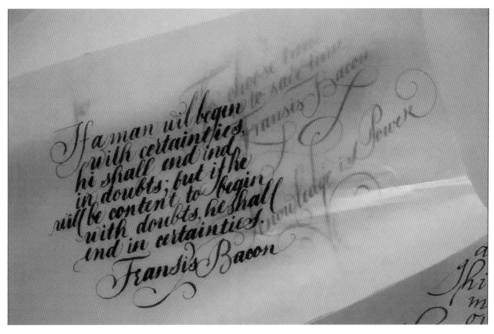

图5-73 硫酸纸

图5-74 热烙纸（1）

图5-75 热烙纸（2）

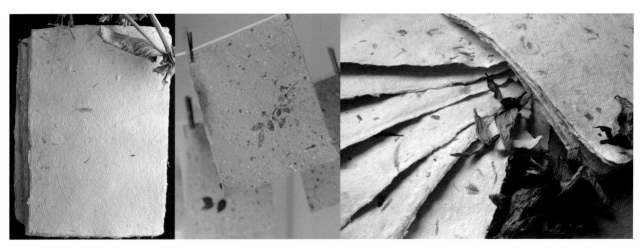

图5-76 植物纤维特种纸

图 5-77　刺绣布

图 5-78　手工布（1）

图 5-79　手工布（2）

　　这些手工布可以装裱在书的封面和函套。用于制作函套的特殊材料还有聚丙烯塑料，如图 5-80 和图 5-81 所示，呈透明或半透明。如图 5-82 所示，毛毡和铁板经过印刷后也可以用作封面材料。

图 5-80　聚丙烯塑胶套书封

图 5-81　聚丙烯塑料函套

图 5-82　毛毡和铁板印刷效果

（4）丝带装饰：丝带、布艺都可以作为装帧材料运用到书籍设计中，如图5-83所示，《锦衣罗裙》由刘晓翔设计，在书脊处以丝带装点，给人以女性衣裙柔美的直观感受。如图5-84所示，彩色布艺给系列书的函套披上了民族的风情。

2. 印刷

书籍装帧设计的成功，一半取决于设计，一半取决于印刷。印刷色即青（C）、品红（M）、黄（Y）、黑（K）。专色指不是通过CMYK合成出的颜色，而是用一种预先调配好的油墨来印刷的颜色，有金、银、哑光黑、荧光色、透明光油等。如果对颜色没有把握，也可以参照或对比潘通色谱中CMYK合成颜色的百分比数值相应色相做参考。在潘通色谱中可以查到印刷中使用的每一种颜色和专色。

现代印刷技术上的创新还体现在特种印刷工艺和材料上，除普通印刷、专色印刷外，还有荧光印刷、夜光印刷、烫金工艺、感温变色印刷等。

荧光印刷（见图5-85）中油墨的主要成分是荧光颜料。荧光颜料属功能性发光颜料，与一般颜料的区别在于当外来光（含紫外光）照射时，能吸收一定形态的能量激发光子，以低可见光形式将吸收的能量释放出来，从而产生不同色相的荧光现象。不同色光结合形成异常鲜艳的色彩，而当光停止照射后，发光现象即消失，因此称为荧光颜料。

夜光印刷（见图5-86）是将可持续发光的稀土发光材料融入油墨中，并且采用丝网印刷法印于书上，该区域在白天吸收太阳光，便可持续发光10小时，所以有时到深更半夜仍旧发光。隐形印刷也采用类似方法，不过该油墨仅在照射到紫光灯时才会发光，常用于防伪用图，使用时确保面积足够大才能有足够亮度。

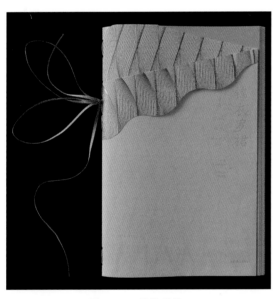

图 5-83　丝带装饰

图 5-84　土布装饰的函套

图 5-85　荧光印刷

烫金工艺是利用热压转移的原理，将电化铝中的铝层转印到承印物表面以形成特殊的金属效果。具体操作是烫金机通电后升至千度把金箔烫到设计好的地方，金箔有很多种，其亮度高于印金银墨。除烫印金银外，还可以烫印玫瑰金（见图5-87）、烫印白（见图5-88）、烫印五彩电化铝（见图5-89）、多层烫印（见图5-90）达到丰富华丽的效果。

感温变色印刷是在使用的油墨中含有加入特殊染料的微胶囊，只能在特定温度区间才会显色，温度区间可以自由选择，范围为10℃，颜色有黄、洋红、蓝、黑等。

图 5-86　夜光印刷

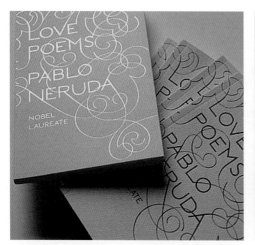

图 5-87　烫印玫瑰金

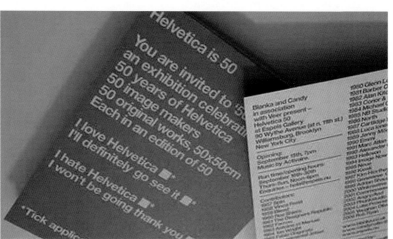

图 5-88　烫印白

图 5-89　烫印五彩电化铝

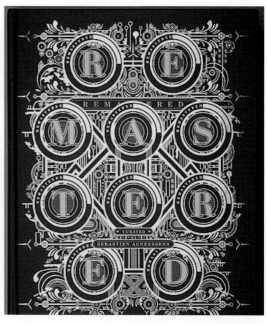

图 5-90　多层烫印

3．特种工艺

书籍装帧后期，制作加工能够赋予书籍更具装饰性和个性的表情，这些特种工艺能实现神奇的效果。

（1）模切工艺：指用模切刀根据电脑图样进行切割，可以切割的材料有许多，包括纸（见图5-91）、纸板、木、亚克力，甚至钢铁，还可以用来打洞。多层膜切是指一页页模切好再黏合而成的效果（见图5-92）。

图5-91　模切（1）

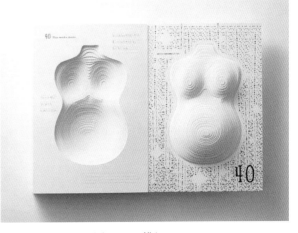

图5-92　模切（2）

（2）高周波工艺：指通过高频波加热将材料塑形，通常用来将书籍封面材料通过加热塑形成不平的肌理或图形，如图5-93所示。

（3）植绒工艺：指通过各种手段将材料或局部沾上一层尼龙绒毛或粘胶绒毛，使材料丰盈华贵，如图5-94所示。高周波工艺通常跟植绒工艺联合使用形成图5-95所示的效果。

（4）撕裂纸工艺：就像拉链状，通常用于一次性包装的封口处，有时也用于书的函套或封面装饰，如图5-96和图5-97所示。

（5）UV上光：指用丝网印的方式堆印透明亮油，还有磨砂哑光UV、五彩UV等。印刷区域好像附着一层"油"的效果，也称"过UV"。它是以UV专用的特殊涂剂精准均匀地涂于印刷品的局部区域后，经紫外线照射，在极快的速度下干燥硬化而成。

图5-93　高周波工艺

图5-94　植绒工艺

图5-95　高周波和植绒联合使用

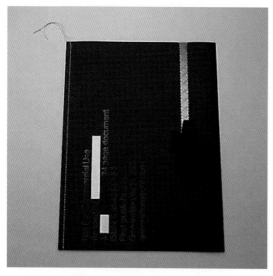

图 5-96　撕裂纸工艺（1）

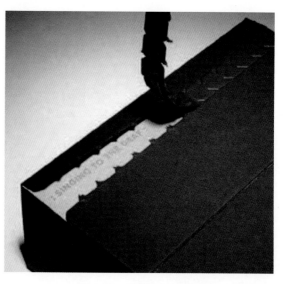

图 5-97　撕裂纸工艺（2）

UV 的种类很多，有无色透明（见图 5-98）、白色、黑色等。撒粉工艺（见图 5-99）是在过 UV 基础上进行的，先上无色 UV 层，趁 UV 层没干再撒上粉黏合在 UV 上。

图 5-98　无色透明 UV

图 5-99　撒粉工艺

（6）附膜工艺：指在印刷品上附上一层膜使之具有光亮或者亚光效果，达到保护和增强韧性的功能。图 5-100 所示为附光膜效果，图 5-101 所示为附亚光膜效果。

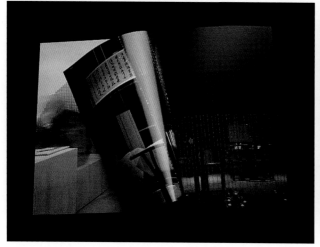

图 5-100　附光膜

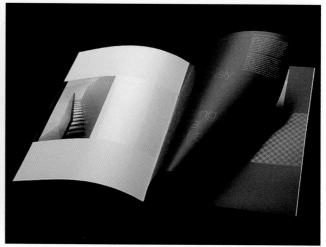

图 5-101　附亚光膜

（7）压凹凸工艺：指用机器在纸张表面压印凹凸，形状的深浅和边缘都可调整。根据原版制成阴（凹）、阳（凸）模板，通过压力作用使印刷品表面压印成具有立体感的浮雕状，类似于钢印效果（见图5-102）。另一种情况是按设计稿的图文内容分别雕刻至两块铜版上，一块内容凸出，一块内容凹下，组成一套凹凸版，制作效果如图5-103所示。

（8）激光雕刻工艺：和模切工艺类似，将图案输入电脑再连接雕刻机进行雕刻钻孔，可以在厚纸板、木板、皮质上进行雕刻并设置不同的深度，效果如图5-104～图5-108所示。

以上的特种工艺可以分别使用，也可以综合运用，图5-109所示为封面裱装皮和烫金工艺；图5-110所示为异形护封、激光雕刻、UV上光；图5-111所示为打凹、烫银、无色UV。

图 5-102　压凸效果

图 5-103　压凹凸效果

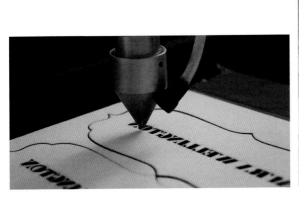

图 5-104　激光雕刻（1）

图 5-105　激光雕刻（2）

第 5 章　书之装帧与推广 ◆

图 5-106　激光雕刻（3）

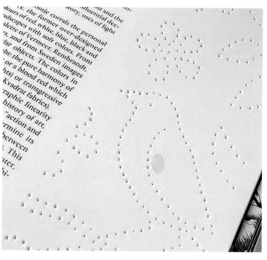

图 5-107　激光雕刻（4）

图 5-108　雕刻机皮雕

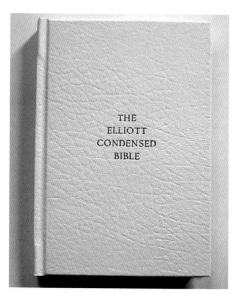

图 5-109　裱装皮和烫金

图 5-110　激光雕刻和 UV 上

图 5-111　打凹、烫银、无色 UV

5.4 印前十问十答

印刷是一份非常严谨的工作，由于丝毫失误将会导致成千上万份的印件产生不可逆的错误，所以必须严肃对待。印刷前所涉及的工序都可以统称为印前工艺，以下将以问答的方式来介绍印前的相关知识。

1．书籍装帧设计涉及的设备有哪些？软件有哪些？

答：图文输入设备有扫描仪、数码相机、计算机等。图文处理软件包括 Photoshop、Illustrator、InDesign、C4D 等，此外电脑上还要装有大量的字体字库。图文输出设备有彩色打印机、激光打印机、数字印刷机等。不要忘记最后制作实物模型，以完成出版物的形式，尽可能精准地去制作样本。

2．什么是图片分辨率？为什么强调它？

答：高分辨率的图像比低分辨率的图像含的像素多，图像信息也多，表现细节更清楚。图像分辨率数值的确定要根据应用输出效果要求而定。例如，运用到屏幕上的图片显示只需要 72dpi 或 96dpi；若用于大幅面的写真喷绘输出，则需要 90～150dpi；若要进行印刷则需要 300dpi 的高分辨率才可以。若分辨率太高，机器运行速度慢，不符合高效原则；若分辨率太低，影响图像细节表达，不符合高质原则。这就是考虑输出因素而确定图像分辨率数值的一个原因。

3．图像为什么需要有图像文件格式？印前常涉及的图像文件格式有几种？各有什么性质？

答：图像文件格式决定文件存放的信息种类、文件怎样和应用软件兼容、怎样和其他文件交换数据。

设计中常用到的图像文件格式如下。

TIFF 格式：可保存图层和色彩通道，最大优点是不受操作平台的限制，苹果和 Windows 系统都可以用。

EPS 格式：用于印刷和打印，可以存储路径和加网信息。

GIF 格式：8 位的格式，只能表达 256 级色彩，是网络传播图像常用格式。

PSD 格式：Photoshop 软件的专用格式，用于保存图像的通道及图层以备再做修改。

JPEG 格式：一种图片文件格式，又是一种压缩方法，这种压缩是有损画面质量的。

4．简述印前工作流程。

答：将设计稿出校稿，待客户确认，修改，直至定稿。印前打样，送交客户，请客户看是否有问题，确认无误后请客户签字。印前工作即告完成。如打样中有问题，还得修改，重新打样。

5．印前图像为什么要加网？

答：因为印刷工艺决定了印刷只能采用网点的方式再现原稿，如果把图放大看就会发现是由无数个大小不等的网点组成。虽然网点大小不同，但都占据同等大小的空间位置，这是因为原稿图像一经加网以后，就把图像分割成无数个规则排列的网点，即把连续调图像信息变成离散的网点图像信息。网点越大，表现得颜色越深，层次越暗；网点越小，表现得颜色越浅，层次越亮。

每个网点占有的固定空间位置大小是由加网线数决定的。例如加网点的目数为 150lpi，则表示在一英寸（2.54cm）的长度或宽度上有 150 个网点。网点空间的位置和网点大小是两个不同的概念。例如，C50% 的含义是网点大小占网点空间位置的 50%；100% 是指网点大小全部覆盖网点空间位置，即印刷中所称的"实地"；0% 表示没有网点，只有网点的空间位置，所以这个空间位置没有油墨被印上。显然挂网数目越大，网点所占空间位置越小，能描述的层次就越多，越细腻。所以说原稿的层次和色彩是通过挂网的方法被再现出来的。

数字加网工艺，操作者可以根据自己的意愿任意设置加网线数，但是加网线数也跟纸张的平滑度、粗糙度等有密切关系。铜版纸或高级压光白板纸表面平滑度高，能够再现较细的网点，故加网线数较高，一般可设为 175～300lpi。胶版纸表面较铜版纸粗，其加网线数可在 120～150lpi。新闻纸表面更粗糙一些，太小的网点会形成破碎的边缘，或者完全落在凹下去的地方，因此应该使用较大的网点印刷，其加网线数可在 80～130lpi。

6．什么是角线？

答：角线是四色印刷的对准线，套色时四色角线完全重合即为套准，使印刷精度得到保证。角线在印刷品裁切上又称裁切线（相对出血而言的，一般为 3mm）。裁切线要选择极细，为 CMYK 四色模式，而且每色值都为 100，这样才能保证 4 份分色板上都有裁切线。

设定出血为 3mm 的好处：不用设计者亲自告诉印刷厂如何裁切。印刷厂拼版印刷时，可以最大化利用纸张的使用尺寸。

设计尺寸一般是成品尺寸加出血尺寸。比如正度 16 开的成品尺寸是 185mm×260mm。加上出血就应是 191mm×266m。

7．输出前的检查有哪些？

答：输出前首先检查图像格式，一般用 EPS，TIFF 格式质量最好。用 TIFF 格式存储图像输出时可通过链接命令检查，如果错用 JPEG 格式就会在屏幕上显示有图像，输出后缺图。解决方法是在 Photoshop 里重存格式，回 InDesign 重新链接。拷贝到印刷厂之前，一定要检查排版图片的链接情况并确定所有链接文件在一个文件夹中。连接不上图像的原因有：文件路径变了，文件名称变了，文件被删除了。图像文件修改后要重新链接。Illustrator、CorelDRAW 等矢量文件文字转曲线。检查文字是否四色黑，如果是则要改为单色黑。

检查拼大版是否正确。内容包括：拼版的各种规线是否齐全，出血是否够用，版面内容是否有遗漏，位置是否移动，把做好的页面元素群组。

检查图像色彩模式是否正确的方法是用激光照排机输出分色片时色彩模式应为 CMYK，否则某些分色片只有黑版上有图像。对于黑白图片，输出时可用灰度模式。

8．新手设计师容易犯的错误是什么？

答：设计师之所以要懂得印刷知识，是因为印刷是设计师的作品转化为实物的工具。要避免印出来的效果和设计有差距，就要在设计时避免一些错误。只靠计算机显示器来选颜色、忘记留出血、忘记把图片链接至出版物中、用 RGB 图片模式输出（屏幕上显示为彩色，输出后为黑色）、图片格式不是 TIFF 或 EPS、直接用从网上下载分辨率不高的图片做印刷输出、特殊字体没带字体文件包、认为打样稿的颜色会和在屏幕显示和喷墨打印机打出来的一样。

9．印刷色的原理是什么？

答：印刷色就是由不同的 CMYK 的百分比组成的颜色，称为混合色更为合理。

在印刷时，这四种颜色都有自己的色版，在色版上记录了这种颜色的网点，把四种色版合到一起就形成了所定义的颜色。在纸张上的四种印刷颜色网点是分开的，只是距离很近，由于我们眼睛的分辨能力有限，分辨不出来。我们得到的视觉印象就是各种颜色的混合效果产生的颜色。

Y、M、C 几乎可以合成所有的颜色，但还是需黑色。因为通过 Y、M、C 产生的黑色是不纯的，印刷后表现为局部油墨过多而发亮，印刷时需更纯的黑色。

10．平版印刷的原理是什么？

答：利用油水分离原理。由于平版印刷印版上的图文部分与非图文部分几乎处于同一个平面上，在印刷时，为了能使油墨区分印版的图文部分还是非图文部分，首先由印版部件的供水装置向印版的非图文部分供水，从而保护了印版的非图文部分不受油墨的浸湿。然后，由印刷部件的供墨装置向印版供墨，由于印版的非图文部分受到水的保护，因此，油墨只能供到印版的图文部分。最后将印版上的油墨转移到橡皮布上，再利用橡皮滚筒与压印滚筒之间的压力，将橡皮布上的油墨转移到承印物上，完成一次印刷。所以，平版印刷是一种间接的印刷方式。

5.5 书籍推广

完整的书籍推广应该从书的最初策划选题就已经开始了，包括确立书的出版目标，梳理出版者、作者、利润、销售策略等。书印制好后，由发行方在图书馆、书吧、书店，甚至是文博会等文化场所举办文化沙龙、签售等形式的公开活动进行推广销售。

据统计，20 世纪美国图书市场 20% 由书友会运作，40% 由互联网运作，其中亚马逊作为全球最成功的专门从事图书销售的门户网站，占据很大份额。剩下的 40% 是靠出版社的发行部（出版社的经销部门）、独立经销商、实体书店、综合书店、专业书店、书展及订货会等多种渠道来销售。总之，20 世纪图书推广需要依赖大公司、专业推销团队来实施。他们利用自身规模优势来控制终端消费，实行价格歧视等营销策略来达到书籍推广销售的目的。例如，同一本书先推出价格高的精装本，半年后再推出价格便宜的简装本，将高价值消费者（粉丝）和低价值消费者（普通人）一网打尽。为了利益最大化并占领书店有限的货架，必须要引入诸如此类的策略。

在网络经济如此繁荣的今天，亚马逊、当当网等网络书籍销售平台拥有无限的货架空间，受到出版机构的青睐。当然出版机构也依赖这些平台帮他们打开销路，即使这些平台提出更高的佣金方案，出版机构权衡利弊后也只能被迫接受。另一方面，网络平台保证以极低的图书价格并提供优质的服务给消费者来维持用户忠诚度。

只要有互联网就很难阻止盗版的产生，既然反盗版很难，那么与其反不如与之竞争，用更优质的内容和更好的性价比来赢得读者。最后呼吁我们消费者反盗版从自身做起，如果我们的眼光放长远就会发现，盗版使出版者回报率下降，导致没有精力投入新出版物的开发和制作，长此以往损害的必定是我们消费者自身的利益。

第6章　书之综合实训

封面设计

二次设计

自主设计

总结问题

学生作品欣赏

一本好的出版物是由好的内容（作者）、好的设计（设计师）、好的印刷装帧（印刷厂）共同合作完成，而设计师就是统筹所有资源的总指挥，所以实践对设计师是不可或缺的。

不少学生反映书籍设计不知从何处切入，以致思虑过甚迟迟不能开始设计。对于初学者而言，这的确是个普遍存在的问题，可以通过分阶段训练来快速入门。初学者可以先了解别人的封面设计过程，学习相关方法；可以分析找出别人的"痛点"，进行二次设计，再比对二次设计与原设计之间的差异；可以自拟题目，自己编辑内容进行自主设计。在教师的指导下，经过这些阶段实训，总结问题后，学生将会发现对书有了更深层次的认知，也提升了设计书的自信。

6.1 封面设计

书籍设计是个系统工程，封面设计在其中的重要性不言而喻。能不能吸引读者，是否能透过封面阐述本书概念、要旨或重要情节成了判断一本书设计成败的重要标准。不妨看看几个外国设计师的封面设计案例，看看能带来哪些启发。

（1）艾瑞克·怀特为小说《火星人》（THE MARTIAN）设计封面时，他的灵感是做成一个宇航员被困在沙尘中的窘况，他特意将字体设计成局部错位加流沙效果。但是画面并不能很好地体现主人公困境及动感（见图6-1），更像是登陆后的眺望。在终稿（见图6-2），艾瑞克将宇航员与沙漠尘暴的图结合在一起，这样可以充分体现宇航员在失重情况下又陷入沙尘暴的危险处境。

图6-1　第一稿

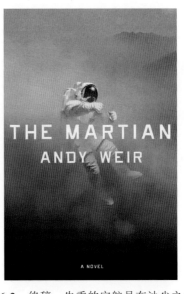

图6-2　终稿，失重的宇航员在沙尘之中

（2）英国资深书籍封面设计师杰米·基南为新版《变形记》（*THE METAMORPHOSIS*）设计封面时，浮现在脑海的第一个灵感就是进行书名的字体设计。他希望能通过字体表现出甲虫外壳那种黑色油亮的质感。他尝试把书名用一种古老的装饰字拼成甲虫的样子，再与甲虫的腿相结合（见图6-3），刚好就是自己想要的样子。这种第一稿就能定稿的机遇真是不常见，他非常幸运！

（3）《幻视者》（*THE VISION*）是一部背景为19世纪中期，讲述的是新英格兰的一个震颤派社区中发生的故事。客户要求封面设计中要明显地体现这一背景特点，还要体现主人公的元素。基恩·海因斯刚接手这一委托案时，曾构思在封面中央放一把可以代表震颤派的椅子（见图6-4），但是仍缺少人的元素，所以这个方案被放弃了。他又找到了一个震颤派女教徒的头像照片，虽然将其眼睛遮挡弱化了人物的特征，但这个方案看起来仍像人物传记或其他纪实类文学（见图6-5）。在终稿中，他决定用硫酸纸护封将人物虚化在一个震颤派社区符号"光之树"之后（见图6-6）。现在这个方案看起来就更像是个虚构的故事了。

（4）设计师阿德利·埃莱瓦为小说《灭绝》（*ANNIHILATION*）设计封面之前曾仔细地阅读了全部内容，他决定抓住小说中的一个重要情节"那个神秘的、伊甸园式的区域"来表现。在他脑海中浮现的这片区域的风格是类似虚幻的未来主义，他联想到了莎拉·理查兹设计的华丽的织物图案（见图6-7），还有某摇滚乐队的专辑封面（见图6-8）。

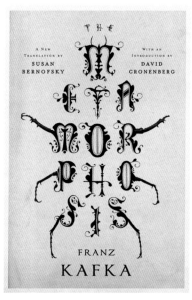

图6-3　第一稿也是终稿

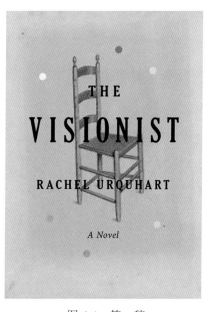

图6-4　第一稿

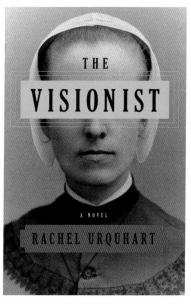

图6-5　第二稿

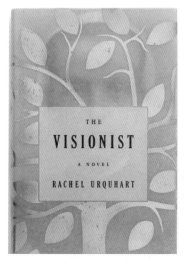

图6-6　终稿

图6-7　莎拉·理查兹的纺织图案

图6-8　《任逍遥》专辑的封面

在第一稿（见图6-9）中，他使用了野猪的外形内填充结合了一些热带丛林元素，但是野猪的形象看起来太粗野并不是那么令人满意。在第二稿（见图6-10）中，他又尝试着融入一些热带雨林和疯狂的野生动物，看起来就像一块迷彩布，传达的主题使人迷惑。

第三稿（见图6-11）中的风景显得过于图案化，虽然色彩上给人紧张感但还是缺乏环境威胁，他还是不满意。最后他将书名用厚重的黑色洛克威尔字体进行个性化处理（见图6-12），又从埃里克的画中选了一株有威慑力的蜘蛛兰和一只蜻蜓，将它们放置穿插于黑色的字体间。虽然最初的想法没能实现，中途设计也不算顺利，但是终稿效果能够准确微妙地暗示危险的环境变化以及探险者内心的不安。

设计师对同一本书的不同理解通常是受到不同文化背景的影响，这种差异体现在书籍设计的立意、风格和内涵的把握上。以日本著名推理小说家东野圭吾的几本书的封面设计为例，日版封面和中版封面在设计上还是有很多不同之处的。

（1）《盛夏方程式》中的故事发生在安静的海滨小镇上，成实家经营着一间年久失修的旅馆，游客日渐稀少。盛夏的一天，旅馆迎来了3位与东京有关的客人：帝都大学物理系的副教授汤川学、警视厅退休的刑警和小学五年级的男孩。当晚汤川学去了居酒屋，男孩和成实的父亲在后院放烟花，刑警晚餐后不见踪影，第二天被发现死在了海边……日文版设计选用了烟花的照片作为封面（见图6-13），以男孩与成实父亲放烟花的情节作为切入点，封面采用暗色调营造出悬疑的气氛，而烟花更是故事中案件的关键所在，将封面与整本书的内容联系在一起。中文版封面选图并没有沿用真实的摄影图片，而是采用了浅色插图（见图6-14），意在表现盛夏看似异常静谧的海滨旅馆，却正在酝酿着一场凶杀案的开端。

图6-9　第一稿

图6-10　第二稿

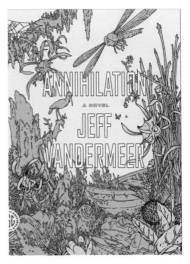

图6-11　第三稿

图6-12　终稿

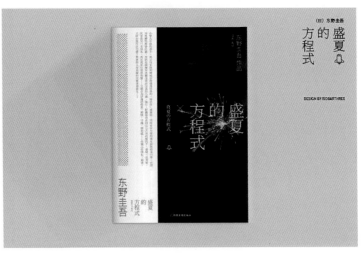

图6-13　日文版封面

（2）《从前我死去的家》讲述了对童年毫无印象的沙也加，独自前往一栋荒凉的别墅寻找失去的记忆的故事。在封面的设计上，日文版与中文版都选择了插画做封面，但是风格却大相径庭。日文版封面选用了书中主角以前居住的房子作为主体形象（见图6-15），插图风格比较平面，但是扭曲的树枝与漆黑的窗户营造出了一种恐怖的氛围，吸引读者翻开这本书，身临其境地和小说角色一起探索这栋房子。中文版的封面则从故事中人物入手，只有当你读完全书才能找到封面上的人物究竟是谁，人物空白的面部和黑色背景同样营造出恐怖悬疑的气氛（见图6-16）。

（3）《谁杀了她》讲述了交警康正从名古屋赶到东京调查妹妹的凶杀案。虽然一切看上去像是自杀，康正却发现了他杀的痕迹，于是他掩盖线索以自杀结案，暗地里决心亲自揪出凶手为妹妹报仇。

与此同时，刑警加贺也发现了疑点。最终，康正和加贺通过不同的方式锁定了两个嫌疑人……日文、中文版封面设计元素类似，虽然都选取了人物侧脸元素，但是立意风格却截然不同。日文版的封面聚焦在故事的结局，由于这本小说最后并未揭露真正的凶手，所以封面上两个希腊雕像意指男女两位嫌疑人（见图6-17），配合书名设问，增加了读者的参与感。中文版的封面则把切入点定在了调查案件的两名警察身上，两人都为了各自的目的，以自己的方式展开案件调查，封面成功表现了两人矛盾对立的既视感（见图6-18）。

由以上案例来看封面更像是一扇窗户，一方面透露一些关于书的内容情节，一方面还要引人继续窥探内在。尤其是上架类图书，封面设计要足够吸引读者。设计师不要忘记与作者沟通交流，避免太过主观的理解造成设计概念的偏颇。

图6-14　中文版封面

图6-15　日文版封面

图6-16　中文版封面

图6-17　日文版封面

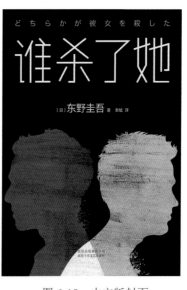

图6-18　中文版封面

6.2 二次设计

同一本书经由多个出版机构出版或由于某些原因的再版会拥有众多的版本，这些版本都希望在原有基础上更完美，所以需要重新装帧设计。不同的设计师对同一题材在理解上的差异会形成不同风格的书籍装帧设计，以经典著作《莎士比亚全集》为例，在国内外就拥有许多个版本的装帧设计。图 6-19 ～图 6-21 所示为中文版的各个版本，还有刘晓翔设计的高端版本（见图 6-22）。国外的版本也令人耳目一新，如图 6-23 所示，其中不乏全新的表现方式。试想如果全世界所有版本的《莎士比亚全集》都是类似的风格，那该多么无趣，设计思维将枯竭，读者也不会再有任何新鲜的体验。

图 6-19　《莎士比亚全集》中文版（1）

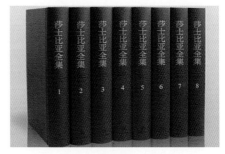

图 6-20　《莎士比亚全集》中文版（2）

图 6-21　《莎士比亚全集》中文版（3）

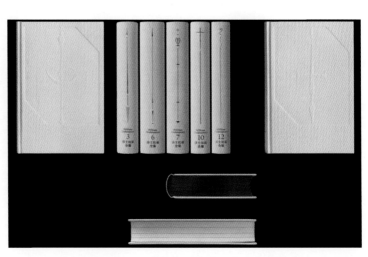

图 6-22　《莎士比亚全集》中文版（4）

以下是青岛科技大学视觉传达专业学生的书籍二次设计，也是一个命题作业，为四本体裁迥异的书进行重新设计。

1. 《小王子》书籍装帧的二次设计

《小王子》是一本神奇的书，是一本写给孩子们和成年人的童话，同时也蕴含着哲理的思考和对人生的感悟。不同的读者能从中汲取所需的养分，随着阅历的增长，每读一遍这本书后都对故事有着新的理解。《小王子》的版本很多，在设计之前，学生首先搜集各版本的《小王子》的设计，并进行解读（见图6-24）。

图6-23　《莎士比亚全集》外文版

图6-24　各版本的《小王子》

学生："各个版本里我最喜欢江西人民出版社出版的，虽然设计略显单调但是却最能体现那种深奥又简单，悲伤又美好的情节。其他版本有的像绘本，有的太过于概念化，这本书不能单纯地归类于儿童文学。"

"我最开始想到从成人的角度出发做设计，可是再次看完这本书以后，我想成人世界已经这样无趣了，为什么还要把这样一本有趣的童话设计成理性、冷淡的风格呢，所以我决定跟作者的感觉走……"

"在方案一中，我打算将函套做成镂空的效果（见图6-25），具有玻璃罩的质感，透出封面的玫瑰（见图6-26）。封面、封底是一整幅画连接而成的，书名是专门拜托我7岁的弟弟手写的，想要做出一种绘本的感觉，和小说里作者的插画形成统一风格（见图6-27）。"实物效果如图6-28所示。

图6-25　方案一函套　　　　图6-26　方案一函套效果　　　　图6-27　方案一封面

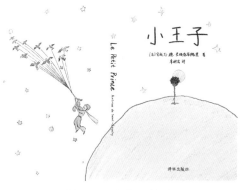

图 6-28　方案一封面效果

"方案二的灵感来源于电影《小王子》中小女孩将荧光液涂在屋子里关灯之后形成的璀璨星空（见图 6-29）。试想这样一本荧光的枕边书放在床头，关灯后，读者也拥有了小王子的星空（见图 6-30）。"

"方案三是综合了方案一和方案二的构想，封面还是方案一的设计加上了夜光油墨效果（见图 6-31）。函套在之前的卡通插图风格中加入了波普（POPART）元素（见图 6-32），保留了镂空部分和玻璃罩质感的构想。考虑到邮寄功能，最外层包装设计成利于保护书籍的加空气层纸袋（见图 6-33），另外还设计了可供读者交互的贴纸目录（见图 6-34 和图 6-35）。"

图 6-29　方案二封面

图 6-30　方案二实物效果

该同学对此书的定位很独特，理解也较为深刻，在比较其他同类设计的同时，有独特的见解和立意。该设计能够将儿童文学和成人文学两种感觉融合在一起，成功用文本表达情绪，并合理运用特种装帧工艺来实现构思，值得称赞。

图 6-31　方案三封面效果

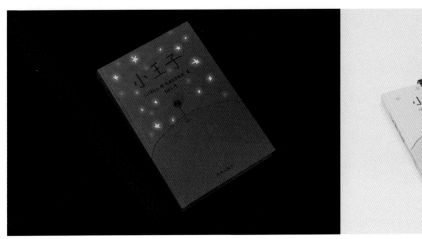

图 6-32　方案三函套

图 6-33　方案三邮寄包装

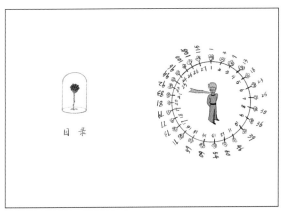

图 6-34　方案三贴纸目录

图 6-35　方案三整体效果

115

2.《仿生人会梦见电子羊吗？》书籍装帧的二次设计

这本书是美国科幻小说家菲利普·迪克的作品。故事讲述了仿生人被大量用于服务人类的未来，有一些仿生人的意识开始自主化，他们不甘心当人类的财产，被人类奴役，所以变得危险。随着主角与这些接近甚至超过人类的仿生人斗智斗勇，人和仿生人之间的界限越来越模糊。不仅是善恶对错，就连故事里的整个世界的基础都变得风雨飘摇。随着后面主角心态的变化，主角开始同情自己要猎杀的仿生人，整个故事陷入一种深沉的悲剧氛围中。我们几乎可以感受到主角思考"仿生人会梦见电子羊吗？"这个问题的时候，心中充满同情的悲伤。

学生："我参考此书其他的设计版本（见图6-36），基本脱离不了科幻插图的元素，译林出版社的那一版，运用抽象曲线的封面设计甚至看上去有点像工具书。"

"虽说此书直接影响到后世的赛博朋克流派，但与其他同类小说相比，只是改编电影里有很多赛博朋克、黑色电影、哥特式风格，书里对环境和背景的描写没有很多，而且也没有电影的黑暗压抑和光怪陆离，所以我不准备在封面设计中加入过多赛博朋克元素。"

"在我的理解里，仿生人依然是由代码程序来运转，封面我想用1和0所组成的二进制来表达仿生人的大脑，在他们的梦里一只小羊的出现点明主题。虽然小说中仿生人大多走向悲剧，但主角里克的觉醒也许预示着另一种发展，一种更趋于合理的结局。因为在里克眼里，电子宠物和仿生人都是有生命的。"

"在封底我添加了一只卡通蟾蜍（见图6-37），就像里克在故事最后捡到的那只。他的妻子在他睡着后，给他订了一盒给电子蛤蟆吃的苍蝇，因为她觉得丈夫对这个电子蛤蟆的感情极深。当读者读完整部小说后再看到这只蟾蜍时可能会有所回味，另外也能起到呼应封面元素的作用。"

"函套的封面和封底下部的设计为一幅小插画（见图6-38），连接故事开头主角居住的城市到故事结尾主角找到电子蟾蜍的沙漠。"

图6-36　各版本的《仿生人会梦见电子羊吗？》

图6-37　封面　　　　　　　　　　　　图6-38　函套

图 6-39 所示为《仿生人会梦见电子羊吗？》的效果图。

该书定位清晰，属于科幻小说，简洁的设计语言很准确地表现了未来、电子、科技等关键词，不但点明了主题，在概念上也相当完整。色彩上，函套与封面的搭配引人注目。

3. 《大流感》书籍装帧的二次设计之一

该书不仅仅是简单讲述 1918 年发生的流感事件，列举了大量真实的材料，也是一部有关科学、政治和文化的权威性的记录。这是一本严肃读物，是有关文献和纪实文学的读物。上海科学教育出版社设计了两个版本，较早版的设计非常像档案袋，比较平淡（见图 6-40）。再版的设计就好很多了（见图 6-41），但是忽略了表达大流感对人造成的影响和伤害力。

学生："我选用了一张处理过的 1918 年大流感的老照片作封面图，残破的照片里的人和猫都戴着口罩，反映出大流感期间人们恍惚的精神状态（见图 6-42）。灰色的图片上用红色字，封底与书脊用黑色填充，营造出一种严肃恐怖的氛围。腰封和勒口用深红色，配合书名颜色，打破无彩系视觉效果（见图 6-43）。扉页选用照片增加书籍的真实感（见图 6-44），目录简约清晰（见图 6-45）。正文版式上，左页以图为主，左右出血，右页图文结合分了两栏，介绍性字体与正文字体区分（见图 6-46），左右图片出血显得版心高度较矮。图 6-47 所示为纯文字排版。"

图 6-39 《仿生人会梦见电子羊吗？》效果图

图 6-40 《大流感》（1）

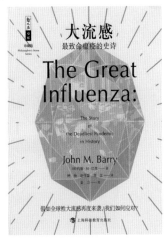

图 6-41 《大流感》（2）

图 6-42 封面效果

《大流感》题材严肃，文本包含历史图片资料，属于纪实类文学。该同学定位准确，全书风格统一。封面成功表达了真实历史事件和对人们的影响。版式严谨、布局合理、图文结合巧妙。不足之处是创意上稍弱，细节做得不到位，例如图片下的说明性文字没有版心的概念。

4. 《大流感》书籍装帧的二次设计之二

"老师在介绍这本书的内容时提到战争对这场流感的影响是很大的。我计划从战争的角度切入设计，将'一战'作为这本书的一条主线来看待，战争对流感蔓延的推波助澜是我想要在封面设计中表达的概念。我将大流感的英文名称进行处理，护封的字母采用镂空工艺，可以透出封面的内容。封面上每个字母的影子都是士兵的形象（见图6-48）。"

图 6-43　腰封效果

图 6-44　扉页

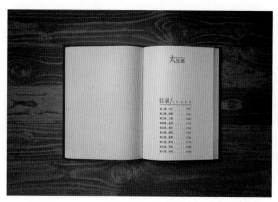

图 6-45　目录

图 6-46　内页1

图 6-47　内页2

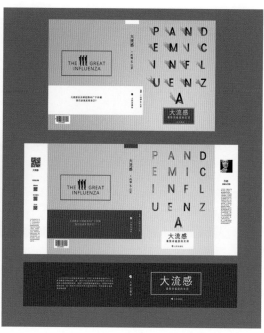

图 6-48　《大流感》封面、护封、腰封设计

该同学从全新的角度切入立意，非常有新意。封面设计风格、色调理性且能在视觉上表现大流感与战争之间的联系。

5. 《猫咪学问大》书籍装帧的二次设计

"这本书乍听起来很容易设计，但是细细研究却发现并不是那么容易立意和创意。参考其他同类书籍的设计，除猫咪的插图、照片外也没有任何新意。最后我决定在封面用猫的毛发质感来代替形象，封底呈现猫咪局部（见图6-49）。护封大面积用黄色块并采用较宽的腰封进行点缀（见图6-50）。图6-51和图6-52所示为目录和内页的设计。"

本书作者德斯蒙德·莫里斯，是英国牛津大学的动物学博士。书中全方位解释了80个猫咪谜题，还附有大量的猫咪图片。此设计创意确实不落俗套，封面表现力强但是与封底的契合度不够，封底可以不出现猫的形象。护封显得没有太多特点。目录的表格化设计和以图为主的内页版式是亮点。

图6-49　封面、封底、书脊效果

图6-50　护封、腰封

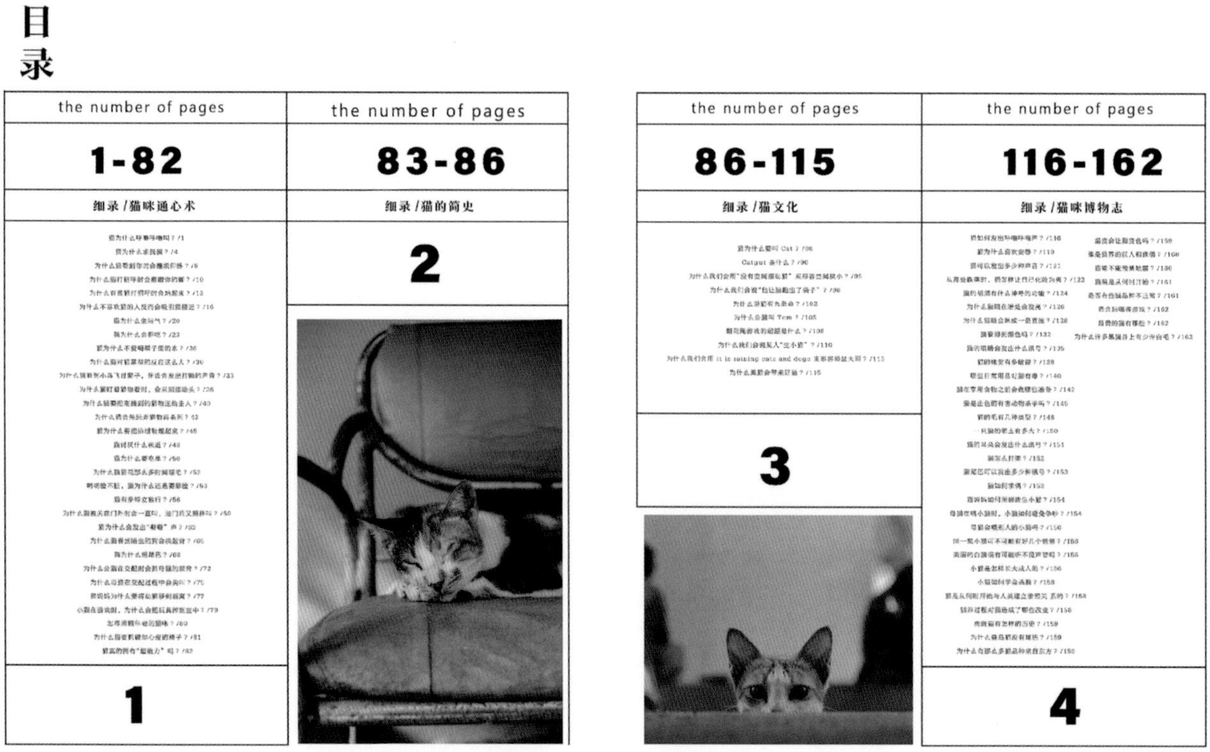

目录

图 6-51　目录设计

图 6-52　内页设计

　　综上所述，对于不同题材、不同领域的文本进行组织设计时，首先应该考虑的是书籍定位。如果定位不准确，就如同在建造空中楼阁，细节和装帧都无从谈起。

6.3 自主设计

什么是自主设计？对有想法的设计师而言，那是可以称之为幸福的一种极大的自由。在书籍设计领域自主设计分两种，第一种是像朱赢椿的《虫子书》（见图6-53）那样，从选题、立意、组稿、插图、编辑内容、装帧设计预期，全部按设计师的想法完成。这类自主设计案例还有前文中出现过的概念书《手术》（见图6-54），作者由于一场意外导致半年失去自理能力，在经历了2个多月的手术治疗经历后，深刻体会到危重患者的遭遇和情绪，在采访许多患者和家属后编辑撰写了两万字的人性观察分析。作者将这些感悟和体会编辑成书，并借由概念书的形式记录下来。整本书以医用绷带为原型，使形式与内容高度统一。扉页选用硫酸纸，与书籍缝合。

书中标题文字采用医疗电子显示屏字体，辅助图形也采用医用医疗相关用品，如生命监视器、手术线、消毒棉、神经元等，旨在体现手术过程。

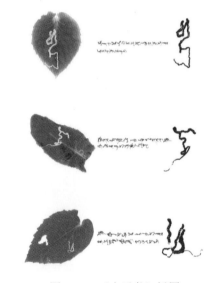

图 6-53　《虫子书》插图

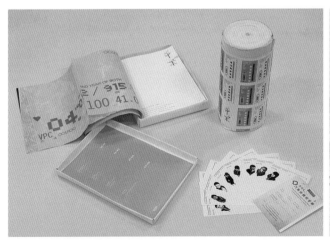

图 6-54　《手术》的自主设计

第二种自主设计是命题设计，即作者或编辑提供主题和资料，由设计师自行组织发挥完成。以下三个案例是第二种自主设计的具体实践。

1.《和生》命题设计

（1）主题：为"教师作品展"创作纪念图录，名为《和生》。

（2）资料搜集：首先要先梳理文本内容、图片逻辑性，得出合理的视觉呈现逻辑。

每一位设计师都深知，画册类书籍的设计，其图片的质量是成功的关键，因此设计师在展览期间会端着相机去拍摄一些素材，希望能为后续的设计留下素材。从拍摄的素材中寻找灵感，从作品的表现形式着手，倒推着思路进行设计，也不失为一种巧妙的策略。筛选照片时设计师会发现，没有观众的场景显得空荡冷清（见图6-55），而观众太多又影响画面效果。恰恰是偶尔的抓拍产生了有趣的情境（见图6-56）。无意间拍摄到的工作人员在布展，却有着生动的表现力（见图6-57和图6-58）。所以设计师决定把它们全部都纳入设计过程，同时思考如何在展示作品的同时将环境、观众元素带入，以及怎样区别于传统画册规则的版式。因此，作者尝试将环境图片与高清的作品图片相结合（见图6-59），将背景不理想的图片裁切排成几何形或更有趣的形式（见图6-60）进行编排。该纪念图册文字量较少，为避免文字影响图片，编排上尽量使它们聚集在一角。

因此，内页的风格采用非常规编排形式，扉页（见图6-61）、前言（见图6-62）和目录（见图6-63）以非常规的版式相继完成。

图6-55　没有观众的画面

图6-56　有趣的画面

图6-57　工作人员布展（1）

图6-58　工作人员布展（2）

图 6-59　高清作品图片和场景

图 6-60　裁切作品图

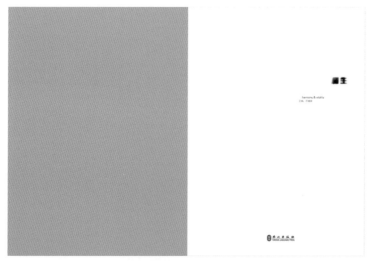

图 6-61　扉页

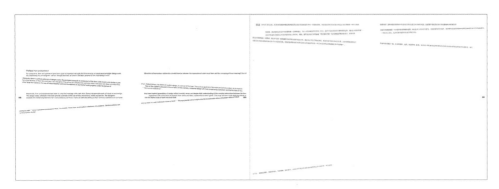

图 6-62　前言

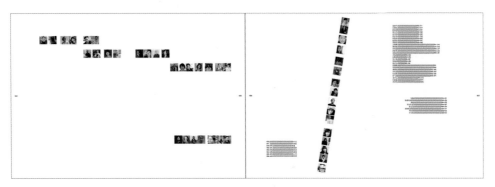

图 6-63　目录

（3）封面构思：书名叫《和生》，设计者非常想把书名字体做成若隐若现的样子，具有影视动态特效，或是把字设计成由模糊逐渐变清晰过程中的某个瞬间的静止状态，就像英国泰特美术馆的标志（见图 6-74）。于是"TATE"版的"和生"封面诞生（见图 6-75），最终书名的字采用专色金印刷。

图 6-64　TATE 标志

图 6-65　《和生》封面

（4）环衬构思：由于此书不是精装书，所以不考虑环衬的功能性，只要美观性。设计者认为前环衬要与封面的"白"形成对比，适时刺激一下观众的视觉，于是借鉴大卫·霍克尼的照片

拼贴技法，由许多场景拼成一幅虚构的画面（见图6-66），营造了一个错视空间。后环衬也是采用相同的手法（见图6-67）。图6-68所示为《和生》中其他页面的展示。

图6-66　前环衬

图6-67　后环衬

图6-68　其他页面的效果

2．命题设计——城市游记

（1）主题：一本旅行影像游记，记录了几个背包客学生去北京旅游的所见、所闻和所感。

（2）设计构思：游记的设计是最容易体现编辑意图的，这本书的立意除了记录行程更是一份有价值的旅游攻略。在这个案例中设计者想通过十个对页来完成对主要内容的记录，一个对页是独立的一部分，所以在封面中也出现了1～10的数字元素。最后环衬的部分设计附上了一张地图，将这次背包之行进行了足迹的串联。

（3）设计过程：在书名和部分视觉元素的提案得到肯定后，内页决定采用无规律的、碎片化的编排，充分体现大学生活跃的思维和鲜明的个性特点。封面上书名被设计成涂鸦体衬一个红色的背景，非常醒目

（见图6-69）。装帧是完全手工制作的蝴蝶装（见图6-70和图6-71），虽不完美，但是多了几分亲切和真实。扉页（见图6-72）重复了封面上的数字元素，并用色彩作为线索将封面、扉页、目录（见图6-73）联系起来。设计者不仅擅长自由的排版，而且还懂得运用小细节线索来为读者导航，如图6-74和图6-75所示，左上角由"鸟巢"和英文书名、右上角中英文、页码组成的页眉。随处可见的充满动感和设计感的图片（见图6-76）也增加了本书的可看性。最后附赠的地图（见图6-77和图6-78）既是本次背包之行的完美总结，也是一张有价值的导游图。

图 6-69　封面

图 6-70　装帧细节 1

图 6-71　装帧细节 2

图 6-72　扉页

图 6-73　目录

图 6-74　内页 1

图 6-75　内页 2

图 6-76　内页 3

图 6-77　内页 4

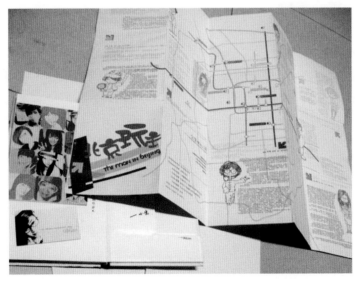

图 6-78　后环衬附地图

3．宝宝启蒙读物《森林之家》的设计

（1）主题：打造婴幼衔接期的启蒙读物，包含"认知"和"交往"两大主题。要求策划、文案、插图、装帧制作及所有素材均为原创。

（2）故事情节：小女孩团子住在森林中，准备去参加小象的生日聚会，在途中遇到了刺猬、狮子等朋友，这些好朋友约好晚上一起看星星。故事情节涉及躲猫猫、划船、热气球、老鼠打洞、朋友聚餐、拆礼物、看星星等生活场景。

（3）设计内容：本书内含"护角""卡通公仔""贴纸"等有趣配件，通过更直观的立体书形式引导宝宝自己动手，例如，页码可以让宝宝通过目录页上的插图和颜色自行粘贴，对号入座。此外还设置了

许多情节互动，锻炼宝宝的动手能力和认知能力，在学习常识的过程中学习交往。图 6-79～图 6-81 所示为《森林之家》的实物拍摄图。

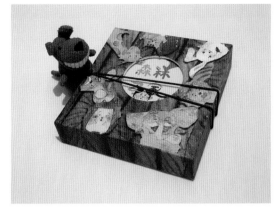

图 6-79 《森林之家》整体效果

图 6-80 《森林之家》的封面和函套

图 6-81 《森林之家》的目录和内页

通过阶段训练，学生在书籍封面立意、创意方面的表现令人惊喜，但是也存在不少问题，集中体现在以下几个方面。

（1）对 InDesign（ID）这个专业排版软件不熟悉。在实际操作中页数少的册子可以使用 Illustrator（AI）排版，对于页数较多的书籍排版应使用 ID 软件。

（2）封面设计与书籍内容有出入。问题的根源在于对书籍内容没有正确的理解，没有理解书中内容就开始设计了。例如，《追风筝的人》讲述的是一个悲伤的故事，放风筝的篇章是本书主人公童年经历的一个对他一生影响至深的情节，也是一个标志性的事件，风筝元素用来设计封面是理所当然的。原书的封面设计就是一个风筝，并没有出现放风筝或追风筝的人（见图 6-82）。单纯出现风筝、儿童形象或活泼的字体会引导读者误解此书是青少年读物（见图 6-83～图 6-85），其实书中寓意深刻，是严肃的成人文学。

图 6-82　原书封面设计

图 6-83　学生设计稿（1）

图6-84　学生设计稿（2）

图6-85　学生设计稿（3）

（3）腰封设计形式单一。腰封的存在很微妙，它既要在形式上提升书籍的美感度，也可以承载一定的广告信息，但如果只剩下广告（见图6-86），那么腰封的存在也变得没有意义。

（4）目录陈旧。目录应该是设计师可以发挥的阵地，如果放弃就太可惜了。目录的首要功能是导航，其次是美观，不少学生两项都没能做到（见图6-87）。

图6-86　乏味的腰封设计

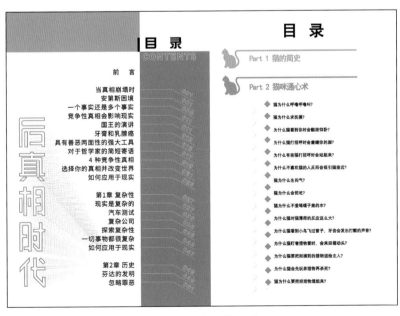

图6-87　陈旧的目录

（5）忽视内页编排。没有版心、页边距、字距、行距概念，插图缺乏技巧（见图6-88和图6-89）。

最后，给出一些书籍设计的小提示。

条形码、二维码是具有识别功能的图像代码，无须设计。

由于书籍封面纸张和工艺不同于内页，要单独制作再黏合到书芯上。因此封面、书脊、封底通常要单独制作在一个文件，方便后期修改书脊尺寸。

书脊的尺寸设定是一个难题，因为大多设计者并不能确定这本书具体有多厚，所以无法设定书脊的具体尺寸。具体做法可以综合考虑影响书脊尺寸的因素有页数、用纸克数、精装简装等，再通过计算对整本书的厚度先做一个范围，最后根据实际尺寸再调整。最理想的状态是有条件制作模型，也就是书的小样，那么就更加有把握了。

图6-88　内页编排（1）

图6-89　内页编排（2）

6.5 学生作品欣赏

（1）孙晓航《公主日记》（见图 6-90），自主设计，体裁来自童话里的诸位公主。

（2）周梦迪《柴米油盐》（见图 6-91），自主设计，心灵鸡汤类书籍。

（3）付梅林《爱你就像爱生命》（见图 6-92），二次设计，唯美的风格引人遐思。

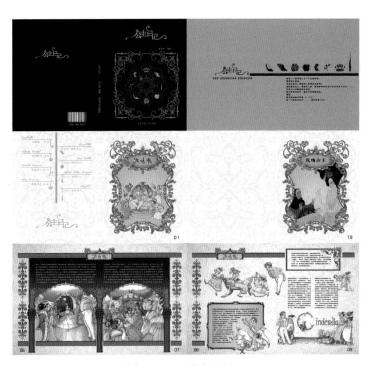

图 6-90 《公主日记》

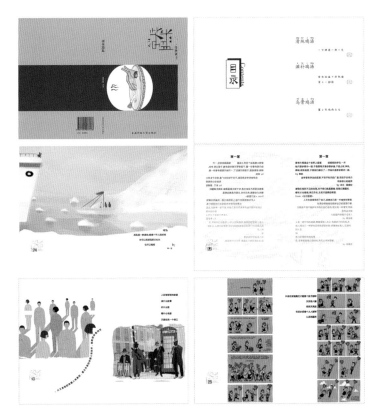

图 6-91 《柴米油盐》

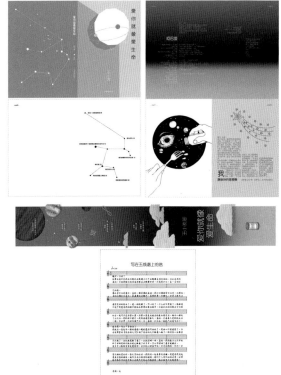

图 6-92 《爱你就像爱生命》

（4）姜晴晴《雨水正白》（见图6-93），二次设计，封面形式新颖。

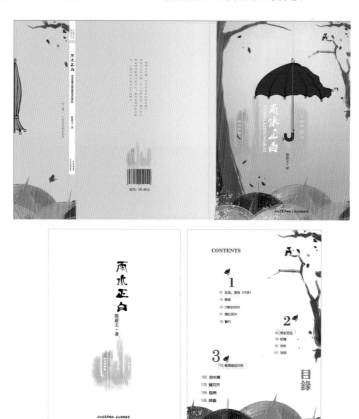

图6-93　《雨水正白》

（5）梁梦瑶《自在的旅行》（见图6-94），自主设计，体裁为游记。

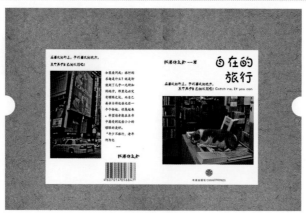

图6-94　《自在的旅行》

（6）王世娇《玩艺儿》（见图6-95），自主设计，体裁为民间艺术。

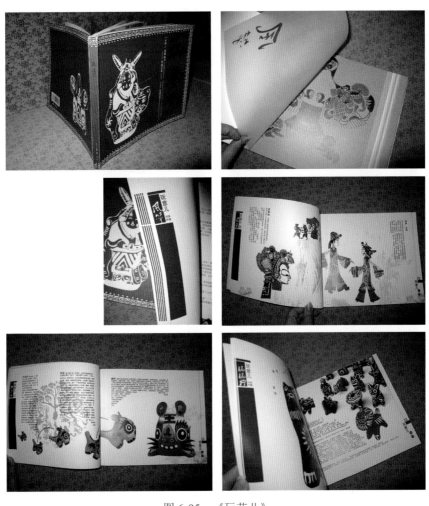

图6-95　《玩艺儿》

（7）杨慧《人生若只如初见》（见图6-96），自主设计，体裁为散文诗。

图6-96　《人生若只如初见》

（8）张钰《多彩生活》（见图6-97），自主设计，体裁为生活创意产品。

（9）郭亮《匡威》（见图6-98），自主设计，内容为作者与匡威品牌的情感。

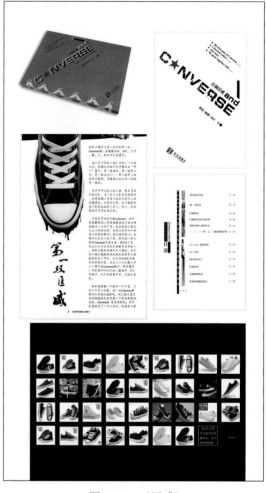

图6-97　《多彩生活》　　　　　　　　　　　　　　　图6-98　《匡威》

（10）张晓茹《创意的心情》（见图6-99），自主设计，体裁为生活与创意产品。

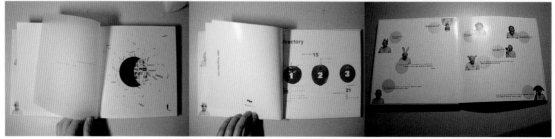

图6-99　《创意的心情》

（11）李娜《6 Bottles》（见图6-100），自主设计，书中介绍了六种饮料。

（12）邢子燕《背包北京》（见图6-101），自主设计，书中记录了北京旅游的见闻，附行程地图。

（13）张丰雪《涂鸦》（见图6-102），自主设计，书中介绍了涂鸦艺术。

（14）徐漪湉《18岁开始旅行》（见图6-103），自主设计，体裁为游记。

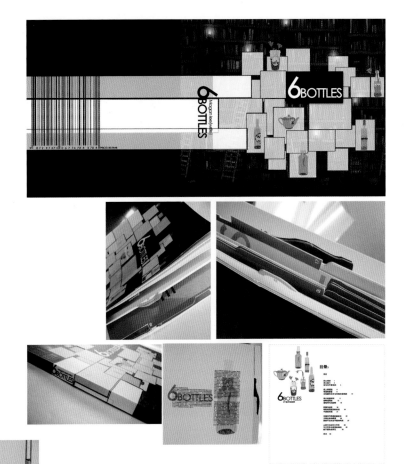

图 6-100 《6 Bottles》

图 6-101 《背包北京》

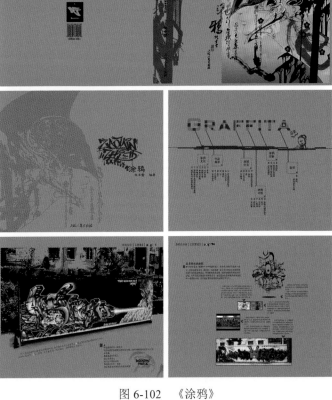

图 6-102 《涂鸦》

135

图 6-103　《18 岁开始旅行》

（15）咸聪《男生我大声对你说》《女生我悄悄对你说》（见图 6-104），二次设计，体裁为小说。

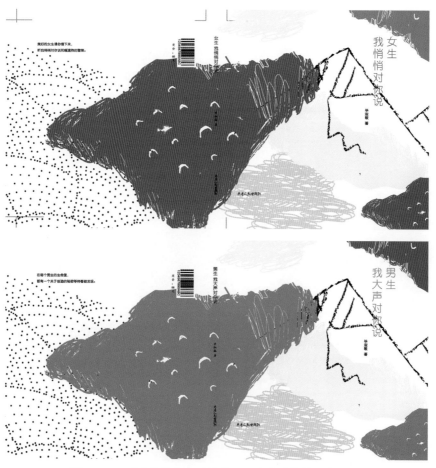

图 6-104　《男生我大声对你说》《女生我悄悄对你说》

（16）韦庆德《最炫·壮族风》（见图6-105），自主设计，书带领大家走进广西壮乡。

（17）张芳名《京剧》（见图6-106），自主设计，书中介绍了京剧的方方面面。

图6-105　《最炫·壮族风》

图6-106　《京剧》

（18）张泽平《日本旅游书》，自主设计，日本旅游攻略；佘子琪《阅微草堂笔记》，自主设计，古典小说的龙鳞装设计（见图6-107）。

图6-107　《日本旅游书》《阅微草堂笔记》

（19）王谦《敦煌莫高窟》（见图 6-108），自主设计，书中介绍了敦煌壁画。

图 6-108 《敦煌莫高窟》

（20）曹晓璇《杂文》（见图 6-109），自主设计，体裁为诗歌散文集。

（21）崔颖《舞姬》，自主设计，讲述了日本舞姬的前世今生；朱娜《杀手里昂》，自主设计，同名电影的精华笔记；周韵倩《手工 DIY》，自主设计，教大家如何装点生活；马歆宇《情书》，不一样的解读《情书》（见图 6-110）。

图 6-109 　《杂文》　　　　　　图 6-110 　《舞姬》《杀手里昂》《手工 DIY》《情书》